编　委　会

主　编　刘晓霞　张连彦　周　洁

副主编　刘东生　王鸿婷　冯　洋　于彩虹

参　编　（按姓氏笔画排序）

王　岚　王忠钰　王胜涛　王维瑞

吕　洋　刘佳伟　杜闫彬　李花粉

李彬彬　张敬锁　倪艳梅　徐明泽

颜　芳

《耕地土壤污染状况调查技术规范》解读手册

北京市耕地建设保护中心　组编

中国农业大学出版社
· 北京 ·

内容简介

本书作为一本普适性工具书，共分为四章，内容包括耕地土壤污染概况、《耕地土壤污染状况调查技术规范》和《拟新增耕地土壤环境质量调查技术规范》2项标准的编制背景和依据、对2项标准的条文释义，以及配套相关法律法规和文件，使读者比较系统地了解和掌握开展耕地土壤污染状况调查的依据、前期工作和具体技术方法。

本书可为从事耕地污染调查、风险评估与污染防治的行业管理者和技术人员提供技术帮助，同时也可为高等院校、科研院所从事环境科学与环境工程相关行业研究的人员提供技术参考。

图书在版编目(CIP)数据

《耕地土壤污染状况调查技术规范》解读手册 / 北京市耕地建设保护中心组编．北京：中国农业大学出版社，2024. 11. --ISBN 978-7-5655-3369-3

Ⅰ. X530. 8-65

中国国家版本馆 CIP 数据核字第 20242CZ223 号

书　　名　《耕地土壤污染状况调查技术规范》解读手册

《Gengdi Turang Wuran Zhuangkuang Diaocha Jishu Guifan》 Jiedu Shouce

作　　者　北京市耕地建设保护中心　组编

策划编辑　张秀环　　**责任编辑**　潘博闻

封面设计　李尘工作室

出版发行　中国农业大学出版社

社　　址　北京市海淀区圆明园西路2号　　**邮政编码**　100193

电　　话　发行部 010-62733489,1190　　读者服务部 010-62732336

编辑部 010-62732617,2618　　出　版　部 010-62733440

网　　址　http://www.caupress.cn　　**E-mail** cbsszs@cau.edu.cn

经　　销　新华书店

印　　刷　河北虎彩印刷有限公司

版　　次　2024年11月第1版　　2024年11月第1次印刷

规　　格　170 mm×240 mm　　16开本　　8印张　　153千字

定　　价　38.00元

前言

《中华人民共和国土壤污染防治法》(以下简称《土壤污染防治法》)已于2019年1月1日起正式实施,《北京市土壤污染防治条例》(以下简称《土壤污染防治条例》)已由北京市第十五届人民代表大会常务委员会第四十三次会议于2022年9月23日通过,自2023年1月1日起施行。

《土壤污染防治法》确立了预防为主、保护优先、分类管理、风险管控、污染担责、公众参与的土壤污染基本原则,防治坚持问题导向,确立了国家建立农用地分类管理制度,要求对土壤污染状况普查、详查和监测、现场检查表明有土壤污染风险的农用地地块,地方人民政府生态环境主管部门应当要求土地使用权人按照规定进行土壤污染状况调查;要求对未利用地、复垦土地等拟开垦为耕地的,地方人民政府农业农村主管部门应当会同生态环境、自然资源主管部门进行土壤污染状况调查,依法进行分类管理。《土壤污染防治条例》也明确规定:土壤污染状况普查、详查和监测、现场检查表明有土壤污染风险的农用地地块,按照国家有关规定开展土壤污染状况调查;未利用地、复垦土地等拟开垦为耕地、果园和其他种植食用农产品农用地的,农业农村、园林绿化部门应当会同生态环境、规划自然资源部门开展土壤污染状况调查。调查结果不超过农用地土壤污染风险管控标准筛选值的,方可纳入开垦计划或者实施复垦。

无论是耕地土壤污染状况调查,还是拟新增耕地土壤环境质量调查,都是集专业性、技术性、科学性于一体的技术工作,需要建立科学规范的技术方法。目前国家和行业部门尚未出台统一规范的调查技术方法,特别是在实际工作中缺乏相关标准作为工作开展的依据,没有统一的技术标准可依,因此为深入贯彻落实《土壤污染防治法》《土壤污染防治条例》的相关要求,北京市制定并发布了《耕地土壤污染状况调查技术规范》(DB11/T 2261—2024)和《拟新增耕地土壤环境质量调查技术规范》(DB11/T 2263—2024)两项地方标准,并于2024年10月1日起正式实施。两项标准分别从新增耕地的源头“防污染”和污染耕地“治污染”两个不同维度出发,解决了调查程序、内容、方法尺度不一、难以保证结果科学性的问题,填补了该项工作的技术空白,为行业发展起到示范引领作用。两项标准的发布为履行国家和地方法律法规相关要求提供了“标尺”,为加强土壤污染源头防治、严格把控耕地土壤环境质量的入门关提供了规范方法,为土壤污染风险管控和修复提供了科学方法，为推进耕地土壤环境质量类别划分、实施动态更新管理清单等工作提供了技术支撑，将有效提升耕地土壤分类管理水平，确保耕地土壤环境质量安全。

本书作为一本普适性工具书，描述了当前耕地土壤污染现状、成因和特征，梳理了近年来国家、北京市农业农村部门在耕地污染状况调查监测方面开展的工作，重点对《耕地土壤污染状况调查技术规范》的 13 项核心内容的来龙去脉逐一进行细致解读；对《拟新增耕地土壤环境质量调查技术规范》进行详细介绍；收集、整理了配套的相关法律法规和标准文件，希望能为从事耕地污染调查、风险评估与污染防治的行业管理者和技术人员提供帮助，并为高等院校、科研院所从事相关行业研究的人员提供参考，以期在推动实践应用方面发挥一些技术指导作用。

本书将标准原文添加框线，便于读者阅读查询，并力求准确、全面解释条款内容，以帮助社会各界更好地学习和使用《耕地土壤污染状况调查技术规范》。因时间与水平有限，书中如有不妥和疏漏之处，敬请读者批评指正。

编　者

2024 年 7 月

目 录

第一章 耕地土壤污染概况

耕地土壤是农业生产的基础和命脉，不仅为农作物提供生长所需的养分和水分，同时对维持农田生态系统平衡、保证农业可持续发展、确保粮食安全等具有重要意义。随着我国快速工业化、城镇化和农业高度集约化的发展，农业环境问题日益突出，其中尤以土壤污染现象最为严重。土壤污染对人类食品安全、生命安全构成严重的潜在威胁，有毒有害物质通过粮食、蔬菜、水果、奶、蛋、肉等进入人体，引发各种疾病，危害人体健康。

一、耕地土壤污染来源

耕地土壤污染源分为天然污染源和人为污染源。随着人类活动的日益频繁，人为污染源是土壤污染的主要来源。

1. 工业污染源

工业污染源是工矿企业排放的废水、废气、废渣。工业生产过程排放的污染物具有排放量大、成分复杂、危害性大等特点。工业化污染土壤的途径主要为水体污染、大气污染、固体废弃物污染和综合污染四类。未经处理的城乡工矿企业废水，被用于灌溉或直接排放，使水系和农田遭受污染；工业废气中含有硫氧化物、氮氧化物、氟化物，以及颗粒悬浮物质，通过干湿沉降进入土壤环境；工业废渣在任意排放和堆放过程中，有毒有害物质通过扩散、降水等直接或间接污染土壤。

2. 农业污染源

农业污染源是指在农业生产过程中对土壤产生危害的各种物质。化肥和农药的不合理使用，破坏土壤结构，危害土壤生态系统。研究显示，大量施用氮肥会导致土壤盐渍化，大量施用磷肥可造成重金属镉的积累。规模化养殖也是重要的农业污染源，畜禽粪便中的重金属将会以有机肥的形式进入并污染土壤。此外，地膜覆盖技术已被广泛应用，但由于地膜难以降解，残留在土壤中的地膜会破坏土壤结构，影响作物生长。

3. 生活污染源

生活污染源是指人类在生活中所产生的对环境造成污染的物质，主要包括生活垃圾、生活污水、电子垃圾等。生活垃圾和生活污水会造成土壤有机物、病原菌等污染。电子垃圾成分复杂，重金属等有害物质含量高，是最为严重的土壤污染源。

4. 交通污染源

交通污染源是指在交通运输中所产生的污染物质。如由于汽油燃烧、润滑油摩擦所排放出的废气，以及轮胎和刹车机械磨损形成的颗粒物，都是公路两侧耕地土壤中线源污染的主要来源。研究表明，北京市主要高速路段两侧土壤中重金属铬、铅和镉的含量较高，铅含量为背景值的1.62～6.69倍，镉为5.97～18.74倍。

二、耕地土壤污染特征

土壤是生态、水文和大气系统之间物质和能量交换的重要构成单元，污染物进入土壤后，不仅会与土壤中的有机物或矿物颗粒结合，还会被土壤生物吸收或降解，因此，耕地土壤污染具有较为复杂的特性。

1. 隐蔽性和滞后性

对于水体和大气而言，一旦发生污染事件，可以通过快速且直观的观察和检测来发现。然而，当污染物进入土壤后，会经历一系列的物理吸附、化学反应、生物矿化、富集或降解等过程。在许多情况下，土壤污染并不容易被耕作人员直观地感知到。耕地土壤污染所带来的严重后果，并非能够在短时间内显现出来，只有当人类或动物长期食用受到污染土壤生产的农作物之后其严重污染的后果才会暴发。例如，日本八大公害事件中的“痛痛病”于1952年已导致附近水体大量鱼类死亡，然而在灌溉稻田时人们未能及时察觉河水被污染的情况，直到1955年周边居民才开始出现身体不适，直到1967年才完成与该污染事件相关的调查工作。通常，只有通过对土壤样品和相关农作物残留进行检测才能确定土壤是否已经受到污染，但采样检测存在滞后性。

为了有效预防和避免耕地土壤污染造成的严重后果，需要对耕地土壤进行调查、监测、分析、评价和风险评估，摸清污染现状、掌握污染趋势、预警污染风险，减少耕地土壤污染对人体健康的危害风险。

2. 积累性、不可逆转性和难治理性

由于土壤的状态较为稳定，污染物一旦进入土壤，它们很难迁移、扩散和稀释。当持续输入污染物时，它们会不断积累，在最终超过环境容量和自净能力后导致耕地土壤的污染。此外，重金属等无法被降解或难以降解的持久性有机污染一旦形成，则需要长时间来缓解或清除。在这种情况下，即使切断了污染源头，在土壤中具有积累性和不可逆转性的污染物也很难通过稀释和自我净化作用消除。通常需要采取客土置换、化学淋洗、生物降解等手段使土壤重新达到耕地使用标准。因此治理耕地污染往往面临较大困难，并伴随着高昂成本与长周期。

3. 多源性和复杂性

目前我国耕地污染的源头有许多种，这也导致了耕地污染特征更加复杂。例如，工矿企业废水灌溉、生活垃圾不合规排放等因素会导致土壤受到病原微生物、重金属和有机污染物等的污染，而工业园区中烟气排放的硫氧化物和氮氧化物会使土壤在酸沉降作用下发生酸化，汽车尾气中的氮氧化物和固体悬浮颗粒等也可能对道路周边耕地土壤造成污染。此外，在农业生产过程中使用的化肥、农药、地膜等农业投入品的不合理使用以及畜禽养殖等也可能引起耕地土壤重金属和有机物方面的污染。

基于上述情况，耕地土壤所遭受的污染已从传统型转变为微量持久性毒害型，并且正在向复合型发展。除了传统重金属和持久性有机污染物外，近年来还需关注新污染物如抗生素、微塑料等对耕地土壤的影响。同时，营养污染如氮、磷以及与有毒有害物质如重金属并存形成的点源和面源交叉共存现象也需要引起注意。

三、耕地土壤污染现状

常见的土壤耕地污染物包括无机污染物、有机污染物和生物污染物。无机污染物主要包括镉、铜、铅、砷、镍、铬和锌等重金属，以及酸性化合物、碱性化合物、盐类化合物、氟化物和氰化物等化学品。有机污染物主要包括有机农药（杀虫剂、杀菌剂、除草剂等）以及多环芳烃、石油烃、持久性有机污染物、表面活性剂和多氯联苯等。

近年来，新污染物备受关注，新污染物是指那些具有生物毒性、环境持久性、生物累积性等特征的有毒有害化学物质，这些有毒有害化学物质对生态环境或者人体健康存在较大风险，但尚未纳入环境管理或者现有管理措施不足。目前，受到广泛关注的新污染物包括持久性有机污染物、内分泌干扰物、抗生素、微塑料四大类。2022 年 12 月，生态环境部、工业和信息化部、农业农村部、商务部、海关总署、国家市场监督管理总局联合发布了《重点管控新污染物清单（2023 年版）》，明确了 14 个大类新污染物禁止生产、使用、进出口、新建和纳入强制性生产审核、风险管控等措施。

1. 重金属污染

（1）污染现状　据报道，我国约有 1/6 的耕地受到镉、砷、铅等重金属污染。根据《全国土壤污染状况调查公报》，耕地土壤点位超标率为 19.4%，主要受到重金属污染的影响。其中，镉超标率为 7%，砷超标率为 2.7%，汞超标率为 1.6%。每年因耕地重金属污染导致的粮食减产和粮食污染总量在我国超过 2 000 万 t，并直接造成经济损失约 200 亿元。湖南长沙、株洲和湘潭等地的耕地受到了重金属镉的严重影响，出现了“镉大米”事件以及其他各种与砷中毒和血铅相关的事件，这些事件对农产品质量安全和人体健康构成了严重威胁。而长江三角洲（长三角）地区部分城市则存在多种重金属污染问题，导致10%的连片农田基本失去生产力并成为“污染地”。周江明综合评价了我国各地耕地表层土壤重金属污染的现状，表明陕西、甘肃、新疆、广东、海南、湖南、河南、浙江、北京、山西、吉林、四川 12 个省（自治区、直辖市）存在较为严重的耕地污染现象，其中陕西、甘肃、新疆、广东和湖南尤其严重。耕地重金属污染问题已得到广泛关注，治理重金属污染耕地土壤，严守耕地红线成为目前的难点和热点。

（2）污染成因　采矿、污灌、“三废”排放、不合理的农药和肥料施用是耕地土壤重金属污染的主要原因。

采矿引起的农田重金属污染通常发生在矿区周边，在金属矿山开采过程中，产生的大量尾矿废渣、洗矿废水如不加处理或处理不当都会使矿区周边土壤受到重金属污染，此外矿山开采的粉尘随大气沉降也会造成土壤重金属污染，且污染范围更大。研究数据显示，矿区附近污染耕地点位重金属超标比重达到 93.75%，长江中游及江淮地区、四川盆地矿区附近的点位重金属超标比重均为 100%。江西贵溪冶炼厂周边农田铜、镉重金属 100%超标，水稻、蔬菜中镉严重超标。

我国北方部分地区由于水资源缺乏，普遍使用化肥厂、化工厂等各工矿企业排放的污水对农田进行灌溉，造成粮食、蔬菜、水果等食物砷、铅含量超标。农业农村部进行的全国污灌区调查数据显示，我国约有 64.8%的污灌农田受到重金属的污染。河南开封某污灌区使用来自化肥厂、化工厂、炼锌厂、药业公司等工矿企业所排放的工业废水灌溉农田，土壤表层砷含量均超过背景值，受污染情况严重。沈阳某污灌区被污染的耕地超过 2 500 hm^2，致使粮食受到严重的镉污染。

交通对农田的影响主要发生在城市近郊，交通所导致的土壤污染主要是重金属尾气的排放和汽车轮胎磨损产生的粉尘经过干湿沉降进入土壤，造成汞、铅等重金属超标。我国大多数城市近郊的农田土壤种植的粮食、蔬菜、水果中汞、铅等重金属含量均有超标或接近临界值的问题。

磷肥、氮肥和复合肥等化肥中含有较高含量的砷、镉、铅和汞等重金属，猪粪、鸡粪、牛粪和羊粪等畜禽粪便中含有铜、砷、镉和镍等重金属，杀虫剂和杀菌剂等农药中含有汞、铜、镉和砷等重金属，农用地膜在加工中会添加含有重金属镉的热稳定剂。这些农药、化肥、农用地膜的过量或不合理使用也是造成农田土壤重金属污染的重要原因。根据 2019 年《中国统计年鉴》，长三角地区 2018 年农业生产中化肥、农药、农用地膜高强度施用（使用），导致长三角地区农用地土壤出现了重金属累积甚至污染问题。

（3）污染途径　耕地重金属主要通过饮食进入人体，影响人体健康。工业废水中的铅、镉等有毒重金属通过污水灌溉，在稻米等种子植物中积累，进而进入人体，造成慢性镉中毒（痛痛病）和铅中毒；“三废”和农药污染土壤后，经雨水冲刷污染地表水和地下水，人类饮用受污染的水体后，引起重金属中毒。我国儿起受到社会各界广泛关注的湖南大米镉超标事件、广东仁化血铅超标事件均是由饮食造成的人体中毒。

（4）污染危害　不同的重金属对人体的健康影响不同。例如，镉在人体中蓄积到一定程度会损害肾小管，使肾功能异常；砷在人体中蓄积到一定程度能使红细胞溶解，破坏正常生理功能，并具有遗传性、致癌性和致畸性；铬在体内过量蓄积后会主动与蛋白质结合，并最终降低人体幼红细胞的携氧能力；铅在人体中蓄积到一定程度会严重损伤机体的正常生化生理反应；锌和铜是人体必需的微量元素，但锌含量过高会导致身体出现肠胃不适、恶心腹痛等不良反应，严重的还会引发癌症、冠心病等，铜含量过高会引发“肝豆”等铜代谢疾病；镍对人体具有明显的发育毒性和生殖毒性，会对人类胎儿的发育造成不良影响；汞侵入人体后会被血液吸收，之后迅速弥散到全身各器官，当重复接触汞后，就会引起肾脏损害。

此外，耕地土壤受重金属污染后，土壤中的重金属可通过多种途径进入大气和水体，从而影响水环境及大气环境，并且在各个环境相互交叉的作用下，引起环境污染的加剧，进一步导致生态系统功能的紊乱、退化，人类赖以生存的生态环境遭到破坏。

2. 持久性有机污染物

持久性有机污染物指的是持久存在于环境中，具有很长的半衰期，且能通过食物网积聚，并对人类健康及环境造成不利影响的有机化学物质。根据《关于持久性有机污染物的斯德哥尔摩公约》，第一批受控的持久性有机污染物包括艾氏剂、氯丹、滴滴涕、狄氏剂、异狄氏剂、七氯、六氯苯、灭蚁灵、多氯联苯、毒杀芬、多氯二苯并-对-二噁英和多氯二苯并呋喃。持久性有机污染物最显著的特点便是持久性，其在自然条件下不易降解，同时具有高毒性，导致人体内分泌紊乱、生殖及免疫机能失调，对人体健康危害极大。

（1）有机氯类杀虫剂　农药在保障农业安全生产和控制有害生物发生方面具有至关重要的作用，但长期大量使用化学农药会导致病虫害耐药性增强、农产品农药残留升高、农业环境破坏等问题。《中国农村统计年鉴》显示：2015—2023 年，全国农药使用量为 119.0 万～178.3 万 t。研究表明，大量使用的农药有 80％～90％最终进入了土壤环境，从污染分布情况看，在南方土壤污染程度较北方更加严重；长江三角洲、珠江三角洲、东北老工业基地等部分区域存在着突出的土壤污染问题。

目前，土壤中残留的主要农药包括有机氯类、有机磷类、氨基甲酸酯类及拟除虫菊酯类农药等。大量研究表明，有机氯类农药仍是土壤中主要化学污染物之一。

2024年，李大勇等对蔬菜种植区土壤有机氯类农药监测显示，滴滴涕和六六六是土壤中检出率和质量分数最显著的污染物。对北京地区表层土壤研究发现，北京土壤中六氯苯和滴滴涕的检出率很高；滴滴涕占总有机氯物质的98.9%。张红艳等对北京地区农田土壤中六六六、滴滴涕等8种有机氯类农药残留状况的调查结果显示，8种有机氯类农药在土壤中均有不同程度的检出，但土壤中六六六的残留已符合我国绿色食品产地生态环境质量标准规定，而滴滴涕则是北京地区土壤中的主要污染物，样品检出率≥50%，整体污染情况高于其他地区。李晓秀等对北京地区基本农田的土壤环境质量和污染状况进行了系统的调研，并对采样区农田土壤的环境质量按照国家标准进行了单因子评价和综合评价，结果显示，土壤中农药残留的主要成分为滴滴涕。

农药施用不仅对耕地造成严重污染，更会降低农产品质量，危害人体健康。农药施用后，大部分残留在土壤中，挥发到大气中的部分农药和附着在农作物表面的农药经过雨水冲刷也有相当一部分进入土壤。长期受到农药侵蚀的土壤容易出现明显的酸化，进一步造成养分流失，甚至土壤板结、酸化还会加重重金属的污染。研究表明，耕地受到农药污染会显著降低各类微生物和原生动物的生物量和活性，促使微生物产生变异，造成不可控的恶性后果。土壤表层的农药还会随着雨水等地表径流汇入河流湖泊，从而导致水生动植物受到影响。长期大量使用农药对农田土壤造成极大污染后，会进一步危害农田生态系统，对农作物产生危害作用。研究表明，单一农药长期作用下，杂草、害虫、细菌会对该类农药产生抗药性。对于杂草来说，产生抗药性的杂草不再会因为除草剂的使用而死亡，进而与周围农作物产生竞争，抑制农作物的生长，同时，以杂草为食的虫类会因吸入相应的农药成分而大量死亡；虫害、细菌也是如此。相关统计发现，全球范围内产生抗药性的杂草和昆虫均已达到数百种，且暂无高效治理方法。如果采用大剂量方式整治，只会造成用药量越来越大的恶性循环。不仅是病虫害等治理效果降低，农药大量使用本身对农作物也有危害，施加农药的农作物其根、茎、叶、花、果实、种子都可能携带农药成分，随着生物富集的作用，这些有害物质最终会流入人体，对人体造成难以逆转的伤害。许多农药具有环境激素效应，对人体内分泌系统产生干扰作用，影响生殖繁衍。滴滴涕等有机氯类农药会影响人的中枢神经系统，有机磷类农药会致癌、致突变。人体脂肪组织富集的农药还会通过胎盘影响胚胎发育，导致畸形、死胎、发育迟缓等现象。

(2)多环芳烃　多环芳烃(PAHs)是指含有2个或2个以上苯环，以线状、角状或簇状排列的稠环形化合物，广泛存在于环境中，是备受关注的持久性有机污染物。目前，已有16种代表性PAHs被我国和美国环保局列为优先控制污染物。PAHs来源分为自然源和人为源，人为源主要污染途径包括工业排放、交通尾气和生活污染，例如煤炭、石油以及大量农田秸秆等的不完全燃烧。随着城市化和工业化进程的加速推进，特别是我国石油化工、焦化和汽车等产业快速发展。超过90%的PAHs排放到大气后将通过干湿沉降进入土壤，使得土壤成为PAHs的重要环境归宿之一。

有学者搜集了我国2000—2020年表层土壤PAHs污染的相关研究，定量分析了我国表层土壤PAHs污染水平、空间分布及来源特征，表明我国表层土壤普遍存在人为因素的PAHs污染，污染浓度在313.10～1 070.45 μg/kg，从西北、华北、华东、东北、西南和中南依次减少；污染来自石油、生物质和煤等化石燃料的高温燃烧，但黑龙江、新疆、西藏等地的PAHs主要来自石油污染。对北京市10个区的农田土壤中多环芳烃的种类和含量研究发现，京郊农田土壤PAHs总含量范围平均值为460.75 μg/kg，主要来自石油和煤的高温燃烧，并具有潜在生态风险。

多环芳烃是最早被发现且数量最多的致癌物，目前已发现的致癌性多环芳烃及其衍生物超过400种，PAHs具有"三致"效应、生物蓄积性、低水溶性和半挥发性以及能长期暴露于环境等特点，对人类健康和环境危害巨大。多环芳烃可通过呼吸、皮肤、消化道等多种途径进入人体，对人体的肝、肾等器官和内分泌系统、神经系统及生殖系统等造成急性或慢性损伤，甚至会破坏造血和淋巴系统的功能，使脾、胸腺和隔膜淋巴结退化，抑制骨骼的形成。大多数的多环芳烃只需0.4～2 μg就可以使肺部、皮肤等器官产生癌变。多环芳烃不仅因其较强的疏水性和稳定的化学环状结构而难以被生物利用，而且它们能通过对细胞的破坏作用强烈抑制微生物的活性，特别是经紫外线照射后的多环芳烃毒性会更强。多环芳烃的光致毒效应会加速损伤细胞组织的自由基，破坏细胞膜，损伤DNA，从而影响细胞遗传信息的传递。多环芳烃可以通过干扰生物的酶系统而妨碍生物的生长发育，对生物幼体和胚胎的干扰更为显著，从而影响生态系统结构。有的多环芳烃会对暴露于其中的生物体的免疫系统、内分泌系统及生殖和发育方面造成严重的危害；一些致癌性多环芳烃的暴露会导致海洋无脊椎动物、鱼类、两栖动物以及植物产生畸形或者癌变反应。

3. 抗生素

抗生素因在治疗疾病、保护动物健康等方面具有良好的效果而被广泛使用于畜禽养殖。四环素类、喹诺酮类、磺胺类、大环酯类和氯霉素类抗生素为我国畜禽养殖中常见抗生素，其中四环素类和喹诺酮类抗生素是使用最多的抗生素。由于抗生素摄入后不能被完全吸收或代谢，大部分的抗生素会随尿液和粪便排出到环境中。

畜禽粪便经过堆肥处理后施入农田，残留在粪便中的抗生素也随之进入农田，因此，大量未经处理的含有抗生素残留的畜禽粪便是土壤环境中抗生素的主要来源。畜禽粪便一般作为有机肥施于农田，对浙北地区规模化养殖场93个畜禽粪便样品的调查结果显示，四环素、土霉素和金霉素的残留量平均分别为 3.4 mg/kg、6.5 mg/kg 和 3.8 mg/kg。抗生素平均残留水平依次为猪粪＞鸡粪＞牛粪，猪粪中以四环素类抗生素残留量较高，奶牛粪便中则以磺胺类药物残留量较高，而鸡粪中抗生素的残留在不同地区之间不尽相同。有文献报道，动物排泄物中抗生素及其中间代谢产物浓度较高，即使是经过处理的畜禽粪便中某些抗生素的含量仍然较高，如经处理后的养猪场有机肥料中磺胺类抗生素含量高达 3.5 mg/kg，四环素类抗生素含量高达 4.0 mg/kg。在海南、长江三角洲和宁夏等地的养殖场畜禽粪便中检测出泰乐菌素、氟苯尼考、四环素类、喹诺酮类和磺胺类抗生素。在江苏畜禽养殖场收集到的粪肥中检测到较高含量的磺胺类和四环素类抗生素。在辽宁沈阳的养鸡和养猪场动物粪便中也检测出四环素类和磺胺类抗生素，其中以金霉素的检出含量最高。研究表明，鸡粪和猪粪中抗生素污染最为严重；喹诺酮类和四环素类抗生素是我国畜禽粪便中检出率最高的 2 类抗生素；土霉素是鸡、鸭、猪和牛粪便中残留的主要抗生素。

施用畜禽粪便后抗生素随之进入土壤，被土壤吸附后能长期存在并不断累积，对生态环境造成污染。土壤抗生素污染不仅会影响植物的生长发育，还会造成抗生素在植物体内的大量累积，并通过食物链对动物和人体产生毒害风险。因此，长期大量施用高抗生素残留的畜禽粪便已成为蔬菜生产中一个不安全的重要因素，可以说畜禽粪便的不合理利用是导致我国土壤抗生素环境污染的主要原因之一。近年来，对山东地区施用粪肥的土壤和蔬菜进行检测发现，土壤中磺胺类、四环素类和喹诺酮类抗生素被检出，含量在 0.5～2.5 μg/kg，蔬菜抗生素残留量为 6.3～27.2 μg/kg；珠江三角洲土壤和蔬菜中检测出四环素类抗生素，平均检出量为 78.05 μg/kg 和 0.39 μg/kg；吉林长期施用猪粪的土壤中检测出四环素类抗生素残留，检出率为 42.86%～71.43%；嘉兴、长沙和南昌施用粪肥土壤中检测到较高浓度的金霉素、四环素和土霉素。

4. 塑化剂

目前农业生产中使用的塑料薄膜多以聚乙烯或聚氯乙烯为原料，其属于高分子化合物，相对分子质量在 20 000 以上，分子结构非常稳定，只有当其相对分子质量降为 2 000 以下时，才能被自然界中微生物所利用，而这一过程需要 200 年。因此，残留在土壤中的地膜对土壤环境造成了巨大影响。

地膜残留对土壤环境造成危害，土壤中的残膜碎片切断土壤孔隙之间的连续性，使得水分渗透量减少，土壤含水量下降，削弱了耕地的抗旱能力，甚至导致地下水难以下渗，引起土壤次生盐渍化。再者，农田残膜可能会造成农田灌溉水和养分分配不均，通气性能降低，影响土壤微生物活动和正常土壤结构的形成，最终降低土壤肥力水平。

地膜含有增塑剂、稳定剂、添加剂等各种化学药品，残留在土壤中会影响土壤的化学性质。研究表明，城郊土壤中邻苯二甲酸酯(PAEs)的污染主要来自地膜的降解、塑料废品和垃圾。邻苯二甲酸酯是强烈的“三致”物质，因其具有较强的脂溶性，流动性大，广泛存在于自然界中。邻苯二甲酸酯类化合物对植物有毒害作用，特别对蔬菜有较大危害，且有明显的富集作用，进入食物链会影响人畜健康。

李国秀等调查了西安市杨凌区设施蔬菜基地土壤中 PAEs 的污染状况，结果显示，在分析的土壤样品中检测出 12 种 PAEs 化合物，总含量为 0.005～3.524 mg/kg，平均值为 0.060 mg/kg。陈佳祎等采集了北京市的 10 个典型设施蔬菜基地共 60 个大棚的土壤样品，15 种 PAEs 总含量为 0.05～2.02 mg/kg，平均含量为 0.98 mg/kg。赵胜利等对珠江三角洲城市群中的典型中小城市的菜园和果园表层土壤中的 16 种 PAEs 进行了测定，结果显示，东莞市土壤的 16 种 PAEs 总含量最高，平均达 3.710 mg/kg；最低的为惠州市土壤，为 0.600 mg/kg。周斌对黄淮海地区设施菜地土壤和大田土壤中 16 种 PAEs 的污染情况及农业投入品开展了调查。结果显示，PAEs 在黄淮海地区农田土壤的检出率为 100%，16 种 PAEs 的含量为 0.066～3.646 mg/kg，平均值为 0.912 mg/kg。冯艳红等发现江苏省设施菜地土壤样品中 6 种 PAEs 的含量为 0.042～0.276 mg/kg，平均值为 0.117 mg/kg，检出率为 100%。吴山等采用 GC-FID 检测了汕头市蔬菜产区的 63 个表层土壤样品，结果显示，汕头市蔬菜产区土壤样品中 6 种 PAEs 化合物的含量为 0.018～9.303 mg/kg，平均值为 0.721 mg/kg。李玉双等分析了土壤中美国环保局优先控制的 6 种 PAEs 在沈阳市新民蔬菜基地设施农业土壤的分布特征，结果显示 6 种 PAEs 的含量为 0.52～1.73 mg/kg，平均值为 0.94 mg/kg，6 种 PAEs 含量总和超过 1 mg/kg 的占比 32%。相对于我国国内对塑化剂污染状况的大量调查，国外在农田土壤塑化剂污染方面开展的工作较少。Tran 等在法国丰特奈莱布里伊的农业土壤中检测到 9 种 PAEs 污染物，其中 DMP 和 DNOP 未检出，DEP、DBP、BBP 和 DEHP 的总含量为 0.260 mg/kg。Rhind 等调查发现苏格兰表土中 DEHP 的污染水平为 0.025～1.596 mg/kg，平均值为 0.258 mg/kg。

5. 土壤生物污染物

土壤是微生物的主要栖息地，除了益生微生物外，还可能存在对植物、动物和人类健康构成威胁的病原微生物。土壤生物污染物主要指来自未经处理的人畜粪便、生活污水、垃圾、含有病原体的污水和工业废水(作为农田灌溉或底泥施肥)，以及处理不当的病畜尸体等的病原微生物和其他有害生物种群。这些病原微生物侵入土壤后，容易大量繁殖，引起土壤生物污染并扩大疾病传播，同时会导致土壤质量下降，破坏原有生态平衡，对动植物、人类健康以及生态系统造成负面影响。例如，青枯菌属、欧文氏菌属等土传植物病害生物会感染茄科、豆科等作物，给耕地作业造成严重的经济损失。同时，大肠杆菌、沙门菌和炭疽杆菌等常见人体致病菌可以长时间存在于土壤，通过直接或间接接触感染人类和动物，造成严重的健康风险。

耕地作物的土传病害主要由土壤病原细菌、真菌或线虫等病原物引起，是全球作物生产的主要限制因子。土传病害具有病原种类多、寄主范围广、隐蔽性强、传播速度快、危害面积大、治理难度大等特点，并且土传病害在发生时具有较强的隐蔽性和极强的传染性。常见的土传病原微生物有尖孢镰刀菌、立枯丝核菌、大丽轮枝菌、腐霉、疫霉和根结线虫等，它们广泛分布于耕地土壤。土壤生物污染难以消减的一个重要原因是这些微生物具备强大的环境适应性和高度的变异性。以土壤病原青枯菌属为例，其可被分为 5 个生理小种、6 个生化小种、4 个基因型以及大量多样的序列变种，这表明青枯菌在不同寄主植物-土壤系统中长期适应演化，形成了丰富的基因型，并展现出多样化的生理表型。近年来，我国频繁暴发土传病害，每年给我国经济作物生产造成数百亿元的损失，相当于约 5 亿亩（1 亩＝0.066 7 hm^2）耕地产量。一般在土地常年连作、重茬严重、施肥不当、土壤酸化、土壤盐渍化等情况下更易引发土传病害。同时，当土传病害发生时，大量使用农药还可能会导致土壤农药污染的发生概率增加。

近些年，大肠杆菌、沙门菌和李斯特菌等病原微生物引起的土壤生物污染越发被关注并引起重视。这些病原微生物通常由粪肥携带，通过污水灌溉、径流和农田施用等途径进入耕地土壤。它们在土壤中具有迁移到地表和地下环境的潜力，并且可以在作物表面或体内存活。农业污水灌溉和人畜粪便施用一直是有机废弃物资源化利用的重要途径，在我国尤为普遍。然而，畜禽粪便中含有大肠杆菌、沙门菌、弯曲菌、粪链球菌、鞭毛虫、原虫以及病毒等大量病原微生物和有害微生物。研究表明，病原微生物可以通过养猪场的污水排放和粪肥施用传播至河流和农田土壤。另外，施用粪肥会导致表层土壤和小白菜根部病原微生物的丰度增加，甚至可能发生垂直迁移，进而传播到更深层的土壤。如今，人们对土壤生物风险的认识逐渐增强，开始意识到在农业生产和粪便处理过程中存在的潜在危险，如病原微生物的传播和土壤生物污染对人类健康的威胁。因此，越来越多的人开始关注土壤生物安全问题，并研究使用绿色、高效的措施来减少病原微生物在土壤中的传播。

第二章　编制背景和依据

一、编制背景

1. 耕地资源背景

(1)耕地资源的重要性　农田耕地是农民赖以生存的基础生产资料与保障，是宜居城市、世界城市、绿色北京重要的生产性绿色空间和不可替代的生态屏障。随着城市不断扩张、人口不断增加和人们生活质量不断提高，耕地在首都越来越成为一种稀缺的、珍贵的不可再生资源。耕地土壤环境质量和耕地土壤污染状况，严重影响农作物产量和质量，并可通过食物链危害人类健康。因此，开展耕地环境质量调查，有利于追踪污染源，掌握农田污染特点及分布情况，为耕地质量监管和控制污染提供科学依据。

(2)耕地环境质量存在风险　北京市规划和自然资源部门制定了《北京市落实耕地保护空间工作任务分解方案》，到2021年底，实现全市现状耕地达到166万亩保有量任务，150万亩永久基本农田范围内全部为耕地；到2022年底，实现166万亩耕地保有量范围内全部为耕地。第三次国土调查后，部分“三调”现状耕地、园林草地腾退耕地、土地整理新增耕地将划入永久基本农田，无法整改的非耕地或不稳定耕地将调出永久基本农田范围，造成永久基本农田空间布局发生较大变化，与2017年划定永久基本农田空间相比，近50%的区域进行了调整，摸清耕地环境状况尤为重要。

新增耕地来源复杂，存在土壤环境污染风险，为保护好并利用好永久基本农田，满足永久基本农田管理新要求，启动新增耕地土壤污染状况调查，并进行耕地土壤环境质量评价，为新增耕地土壤环境质量分类管理提供数据支撑。

2. 法律法规和政策文件

开展耕地土壤污染状况调查和拟新增耕地土壤环境质量调查，是履行法律法规以及国家和北京市相关政策文件要求的重要工作。

(1)中华人民共和国土壤污染防治法　2019年1月实施的《中华人民共和国土壤污染防治法》第三十五条指出：“土壤污染风险管控和修复，包括土壤污染状况调查和土壤污染风险评估、风险管控、修复、风险管控效果评估、修复效果评估、后期管理等活动。”

第三十六条：“实施土壤污染状况调查活动，应当编制土壤污染状况调查报告。土壤污染状况调查报告应当主要包括地块基本信息、污染物含量是否超过土壤污染风险管控标准等内容。污染物含量超过土壤污染风险管控标准的，土壤污染状况调查报告还应当包括污染类型、污染来源以及地下水是否受到污染等内容。”

第五十一条：“未利用地、复垦土地等拟开垦为耕地的，地方人民政府农业农村主管部门应当会同生态环境、自然资源主管部门进行土壤污染状况调查，依法进行分类管理。”

第五十二条：“对土壤污染状况普查、详查和监测、现场检查表明有土壤污染风险的农用地地块，地方人民政府农业农村、林业草原主管部门应当会同生态环境、自然资源主管部门进行土壤污染状况调查。”

(2)北京市土壤污染防治条例　2022 年 9 月出台的《北京市土壤污染防治条例》第十条规定：“市农业农村、园林绿化部门负责制定本市农用地土壤污染状况调查、风险评估和安全利用效果评估等技术规范。

第二十九条：“土壤污染风险管控和修复，包括土壤污染状况调查和土壤污染风险评估、风险管控、修复、风险管控效果评估、修复效果评估、后期管理等活动。”

第三十一条：“未利用地、复垦土地等拟开垦为耕地、果园和其他种植食用农产品农用地的，农业农村、园林绿化部门应当会同生态环境、规划自然资源部门开展土壤污染状况调查。调查结果不超过农用地土壤污染风险管控标准筛选值的，方可纳入开垦计划或者实施复垦。土壤污染状况普查、详查和监测、现场检查表明有土壤污染风险的农用地地块，按照国家有关规定开展土壤污染状况调查。”

(3)相关政策文件　2016 年 5 月中华人民共和国国务院印发《土壤污染防治行动计划》，要求系统构建标准体系，完成土壤环境监测、调查评估、风险管控、治理与修复等技术规范以及环境影响评价技术导则制修订工作。

2022 年 2 月发布的《中共中央　国务院关于做好 2022 年全面推进乡村振兴重点工作的意见》(即 2022 年中央一号文件)强调要强化现代农业基础支撑，落实“长牙齿”的耕地保护硬措施，巩固提升受污染耕地安全利用水平，要确保补充耕地可长期稳定利用。

2022 年 3 月《中共北京市委　北京市人民政府关于深入打好北京市污染防治攻坚战的实施意见》中指出：“有效管控土壤环境风险。以农用地、建设用地和未利用地‘三地共管’为抓手，严格农用地安全利用，扎实开展分类管理，动态更新管理清单。”并且要严密防控环境风险，完善环境风险常态化管理体系，及时稳妥应对突发环境污染事件。

3. 工作背景

开展《耕地土壤污染状况调查技术规范》和《拟新增耕地土壤环境质量调查技术规范》2 项标准的立项和制定工作，是在推进耕地分类管理常规工作的基础上，落实党的二十大报告中深入推进环境污染防治的要求，持续深入打好净土保卫战，宣传贯彻落实《北京市土壤污染防治条例》，为土壤污染风险管控和修复提供技术支持，弥补北京市该项工作的技术规范空白，也为本行业相关标准的制定奠定基础。

(1)耕地分类管理工作　北京市 2019 年启动耕地分类管理工作，根据《农用地土壤环境质量类别划分技术指南》(环办土壤〔2019〕53 号)将全市 12 万余个耕地图斑划分为优先保护类、安全利用类和严格管控类 3 个级别，耕地分类管理工作基础扎实，对重点区土壤污染状况调查目的明确。为满足耕地分类管理工作规定，土壤污染状况调查需求相应增长，自 2020 年起，北京市人民政府连续 4 年发布土壤污染防治行动计划，明确要求各区根据实际情况开展土壤污染状况调查任务；至 2023 年，北京市农业农村局连续 4 年发布全市耕地分类管理工作通知，下达耕地土壤污染状况调查任务；有关区行政管理部门连续 3 年通过技术委托方式开展各自辖区内的耕地土壤污染状况调查，旨在掌握本区耕地土壤污染情况；自 2018 年开展农用地土壤污染状况详查工作以来，科研单位、高等院校和社会企业开始重点关注北京市耕地土壤污染状况。

土壤污染状况调查工作是集专业性、技术性、科学性于一体的工作，需要建立科学规范的技术方法。但目前国家和行业部门尚未出台统一规范的调查技术方法，特别是在实际工作中缺乏相关标准作为工作开展的依据，没有统一的技术标准可依，现有耕地土壤污染状况调查流程和技术只能参考建设用地污染状况调查的技术规范，北京市各区在执行过程中调查程序、内容、方法尺度不一，难以保证调查结果的科学性。因此为落实国家法律法规以及《北京市土壤污染防治条例》要求，亟待出台耕地土壤污染状况调查相关技术规范，科学指导北京市有土壤污染风险的耕地开展污染状况调查，加强土壤污染源头防治，为进行土壤污染风险管控和修复提供科学支持。

(2)新增耕地验收工作　为实现耕地总量动态平衡，我国从 2001 年起开展土地开发整理工作，提出新增耕地 45.17 万 hm^2 的建设目标。北京市坚持“保护耕地”基本国策，严守耕地规模底线，持续开展土地综合整治。“十三五”时期，土地整治新增耕地约 2.95 万亩；按照《北京市“十四五”时期土地资源保护利用规划》要求，到 2025 年，通过土地整治新增耕地规模不少于 43 万亩，其中未利用地整治复耕规模不少于 4 万亩；2021 年，全市完成 41 个土地整治项目，产生新增耕地约 1.22 万亩。

新增耕地包括未利用地(农用地、荒草地和盐碱地等)和复垦土地(对生产建设活动和自然灾害损毁的土地)。其来源复杂,质量难以保障,存在土壤环境污染风险。为保证耕地资源"量质并重",坚守耕地资源的安全底线,保障公众健康,开展拟新增耕地土壤环境质量状况调查,为新增耕地土壤环境质量分类管理提供数据支撑,确保耕地安全。

《中华人民共和国土壤污染防治法》颁布实施以来,北京市农业农村局印发了《关于做好 2021 年农业生态环境监测有关工作的通知》,要求各区对未利用地、复垦土地等拟开垦为耕地的,应有序启动土壤污染状况调查工作,新增一批,调查一批,接收一批,根据调查结果依法进行分类管理。按照《北京市规划和自然资源委员会 北京市农业农村局关于明确新增耕地联合验收工作流程和技术规范的通知》(京规自发〔2022〕93 号)要求,要对项目实施前后的土壤环境质量状况及潜在污染风险等进行调查,但目前,国家、农业部门均未出台未利用地、复垦土地等拟开垦为耕地的土壤污染状况调查相关标准,缺乏相关标准作为工作开展的依据,仅能参考《建设用地土壤污染状况调查技术导则》(HJ 25.1—2019)、《建设用地土壤环境调查评估技术指南》《工业企业场地环境调查评估与修复工作指南(试行)》等相关文件。随着未利用地、复垦土地、占补平衡等工作的深入开展,耕地土壤环境调查需求进一步加大,因此,亟须对相关土壤污染状况调查工作进行规范,有效指导全市未利用地、复垦土地土壤污染状况调查工作的开展。

4. 社会背景

加强耕地土壤污染防治,按照"预防为主、保护优先、分类管理、风险管控"的工作原则,开展耕地土壤环境质量调查,对保障"米袋子""菜篮子"和人居土壤环境安全具有重要意义,得到了农业农村、生态环境、自然资源、园林绿化、水利和发展改革委等部门,以及广大群众和社会各界的广泛关注。

为切实有效落实北京市深入打好污染防治攻坚战中大气污染防治、水污染防治、土壤污染防治三大领域工作,北京市人民政府办公厅印发了《北京市深入打好污染防治攻坚战 2021 年行动计划》《北京市深入打好污染防治攻坚战 2022 年行动计划》,具体部署了土壤污染防治年度行动计划任务清单,要求开展农用地污染状况调查;根据土壤污染状况调查结果,北京市农业农村局印发了《北京市"十四五"农业绿色发展规划》要求完善农业环境监测机制,分别组织昌平、平谷、怀柔等区开展超标农用地土壤污染状况调查并动态更新分类管理清单。2022 年 6 月,在中国共产党北京市第十三次代表大会报告中,再次明确要求:扎实打好净土保卫战,强化土壤污染风险管控和修复。

《北京市"十四五"农业绿色发展规划》《北京市"十四五"时期生态环境保护规划》《北京市"十四五"时期土壤污染防治规划》和《北京市深入打好污染防治攻坚战 2022 年行动计划》等均对开展拟新增耕地土壤污染状况调查提出了相关要求,对未利用地、复垦土地等拟开垦为耕地的,开展土壤污染状况调查,纳入分类管理清单。

二、编制原则

1. 科学性

标准的编制充分整理了前期的工作基础，并结合北京市耕地土壤调查现状、耕地土壤分类管理以及北京市新增耕地生产符合性验收工作现状和需求而制定，同时具有技术先进性和管理前瞻性。

2. 适应性

充分考虑国家及北京市关于土壤污染防治的相关政策，适应北京市农业绿色发展战略，规范土壤调查技术，以达到有据可依的目的。

3. 可操作性

既考虑耕地土壤保护，又兼顾社会经济发展需求，从实际出发，兼顾科学性、先进性与可行性，提高规范可操作性，利于落到实处。

三、编制依据

1. 法律法规

(1)《中华人民共和国土壤污染防治法》第三十五条、第三十六条、第五十一条、第五十二条。

(2)《北京市土壤污染防治条例》第十条、第二十九条、第三十一条。

2. 大政方针和政策

(1)《土壤污染防治行动计划》(国发〔2016〕31 号)，"一、开展土壤污染调查，掌握土壤环境质量状况"。

(2)《农用地土壤环境管理办法(试行)》(2017 年中华人民共和国环境保护部、农业部令第 46 号)

(3)《中共中央 国务院关于做好 2022 年全面推进乡村振兴重点工作的意见》(即 2022 年中央一号文件)提出，要确保补充耕地可长期稳定利用。

(4)《关于深入推进生态环境保护工作的意见》(农科教发〔2018〕4 号)

(5)《北京市土壤污染防治工作方案》(京政发〔2016〕63 号)，"二、防治任务(一)开展土壤环境调查与监测"。

(6)《中共北京市委 北京市人民政府关于深入打好北京市污染防治攻坚战的实施意见》(2022 年北京市人民政府公报)明确指出：有效管控土壤环境风险，督促用途变更地块依法开展土壤污染状况调查，扎实开展分类管理，动态更新管理清单。

(7)《北京市农业农村局 北京市生态环境局关于印发〈北京市 2022 年耕地分

类管理工作计划〉的通知》(京政农发〔2022〕51 号)

3. 发展规划

(1)《耕地草原河湖休养生息规划(2016—2030 年)》(发改农经〔2016〕2438 号)第三部分“耕地休养生息(一)耕地养护”中明确要求:“在耕地重金属污染区,以调查评价为基础,由污染者履行修复治理义务”。

(2)《“十四五”农业绿色发展规划》(农规发〔2021〕8 号)

(3)《北京市“十四五”时期生态环境保护规划》(京政发〔2021〕35 号)

(4)《北京市“十四五”时期土壤污染防治规划》(京环发〔2022〕6 号)

(5)《北京市“十四五”时期土地资源保护利用规划》(京政发〔2022〕26 号)

(6)《北京市“十四五”农业绿色发展规划》(京政农发〔2022〕58 号)

4. 编写规则

《标准化工作导则　第 1 部分:标准化文件的结构和起草规则》(GB/T 1.1—2020)

第三章 《耕地土壤污染状况调查技术规范》条文释义

一、范围

1 范围

本文件规定了耕地土壤污染状况调查的基本原则、工作程序、信息采集、监测范围、监测单元、监测点位、监测项目、样品采集制备和保存、检测方法、结果判定与报告编制的要求。

本文件适用于耕地土壤污染状况普查、详查和监测、现场检查等表明有土壤污染风险的，以及突发事件可能造成耕地土壤污染状况的调查。

【释义】

《中华人民共和国土壤污染防治法》第三十六条："实施土壤污染状况调查活动，应当编制土壤污染状况调查报告。土壤污染状况调查报告应当主要包括地块基本信息、污染物含量是否超过土壤污染风险管控标准等内容。污染物含量超过土壤污染风险管控标准的，土壤污染状况调查报告还应当包括污染类型、污染来源以及地下水是否受到污染等内容。"因此，从文件制定的基本原则、耕地土壤污染状况调查的基本原则、工作程序、信息采集、监测范围、监测单元、监测点位、监测项目、样品采集制备和保存、检测方法、结果判定与报告编制全程作了相应的技术规定。

土壤污染状况调查的启动有多种情形：一是根据《中华人民共和国土壤污染防治法》第五十一条规定，未利用地、复垦土地等拟开垦为耕地的；二是根据本法第五十二条和《北京市土壤污染防治条例》第三十一条规定，对土壤污染状况普查、详查和监测、现场检查表明有土壤污染风险的农用地地块；三是突发事件可能造成耕地土壤污染状况的。《耕地土壤污染状况调查技术规范》规定了适用范围为耕地土壤污染状况普查、详查和监测、现场检查等表明有土壤污染风险的，以及突发事件可能造成耕地土壤污染状况的调查。

耕地土壤是人类赖以生存、兴国安邦、生态文明建设的基础资源，是保障国家粮食安全与生态环境安全的重要物质基础。人类每天消耗的80%以上的热量、75%的蛋白质和植物纤维,都来自土壤。对于我国这样一个人口众多、土壤资源紧缺的国家而言,健康的土壤显得尤为重要。我们国家各不同行业部门已经先后开展了相关的调查和监测工作。我国农业环境监测工作始于1979年,1991年开始编制监测年报,40多年来,农业部(现农业农村部)先后组织开展了多次区域性农产品产地土壤环境质量方面的调查工作。主要包括:第一次污灌调查、十三省(市)和九个农业经济自然区主要农业土壤及粮食作物背景值调查、淮河流域污染状况调查、第二次污灌调查、长江三峡库区生态环境状况调查、"四市百县"无公害农产品生产基地调查、五大城市菜田土壤和三个重要工矿企业污染区周边农田土壤环境质量调查、黄淮海地区专用小麦种植区和东北地区高油大豆种植区土壤环境质量调查、水稻和玉米优势农产品产地土壤环境质量调查、四省88个区县重点污染区水稻产地专项调查、三省(自治区)重点污染区水稻产地专项调查等;还有大众熟知的全国土壤污染状况调查、全国农产品产地土壤重金属污染普查、全国土地地球化学调查、第一次全国农业污染源普查、第二次全国农业污染源普查、基本农田土壤环境质量长期定位监测、国家级面源污染长期定位监测、国家级地膜残留监测、农产品产地土壤-农产品质量协同监测、国家级农产品产地土壤环境例行监测等监测工作。在此基础上,北京市也先后开展了北京市农业生态环境质量监测与评价、农产品产地安全状况普查、受污染耕地土壤-农产品质量协同监测等监测工作。大量农产品产地土壤环境质量调查工作的实施,基本摸清了我国主要农产品产地土壤环境质量状况,为监督农产品产地环境质量安全及农业环境管理提供了重要依据。

为了满足监测工作管理者、研究者以及执行应用的工作需要,我们整理了自2000年前后开展的调查、普查、详查和监测工作(含目前继续开展的调查监测),主要有14项,具体如下。

1. 全国土壤污染状况调查

环境保护部和国土资源部于2005年4月至2013年12月开展了首次全国土壤污染状况调查,于2014年4月17日发布《全国土壤污染状况调查公报》。公报显示:此次调查范围为中华人民共和国境内(未含香港特别行政区、澳门特别行政区和台湾地区)的陆地国土,调查点位覆盖全部耕地以及部分林地、草地、未利用地和建设用地,实际调查面积约630万km^2。本次土壤调查属于初步调查,具有概查的性质,目的是掌握全国土壤污染的总体趋势。受客观条件限制,总体点位较疏,以耕地为例,每9.6万亩布设一个点位,只能从宏观上反映我国耕地土壤环境质量的总体状况。调查采用统一的方法、标准,采用点位超标率(即土壤超标点位的数量占调查点位总数量的比例表达方法),将土壤污染程度分为5级:污染物含量未超过评价标准的,为无污染;在1倍至2倍(含)之间的,为轻微污染;2倍至3倍

(含)之间的,为轻度污染;3 倍至 5 倍(含)之间的,为中度污染;5 倍以上的,为重度污染。

《全国土壤污染状况调查公报》显示:

全国土壤环境状况总体不容乐观,部分地区土壤污染较严重,耕地土壤环境质量堪忧,工矿业废弃地土壤环境问题突出。工矿业、农业等人为活动以及土壤环境背景值高是造成土壤污染或超标的主要原因。

全国土壤总的超标率为 16.1%,其中轻微、轻度、中度和重度污染点位比例分别为 11.2%、2.3%、1.5%和 1.1%。污染类型以无机型污染为主,有机型污染次之,复合型污染比重较小。无机污染物超标点位数占全部超标点位数的 82.8%。

从污染分布情况看,南方土壤污染重于北方;长江三角洲、珠江三角洲、东北老工业基地等部分区域土壤污染问题较为突出,西南、中南地区土壤重金属超标范围较大;镉、汞、砷、铅 4 种无机污染物含量分布呈现从西北到东南、从东北到西南方向逐渐升高的态势。

从污染物超标情况看,镉、汞、砷、铜、铅、铬、锌、镍 8 种无机污染物点位超标率分别为 7.0%、1.6%、2.7%、2.1%、1.5%、1.1%、0.9%、4.8%,无机污染物超标情况见表 1;六六六、滴滴涕、多环芳烃 3 类有机污染物点位超标率分别为 0.5%、1.9%、1.4%。

表 1 无机污染物超标情况 %

元素	污染物类型点位超标率	不同程度污染点位比例			
		轻微	轻度	中度	重度
镉	7.0	5.2	0.8	0.5	0.5
汞	1.6	1.2	0.2	0.1	0.1
砷	2.7	2.0	0.4	0.2	0.1
铜	2.1	1.6	0.3	0.15	0.05
铅	1.5	1.1	0.2	0.1	0.1
铬	1.1	0.9	0.15	0.04	0.01
锌	0.9	0.75	0.08	0.05	0.02
镍	4.8	3.9	0.5	0.3	0.1

不同土地利用类型土壤的环境质量状况显示:耕地土壤点位超标率为 19.4%,其中轻微、轻度、中度和重度污染点位比例分别为 13.7%、2.8%、1.8%和 1.1%,主要污染物为镉、镍、铜、砷、汞、铅、滴滴涕和多环芳烃;林地土壤点位超标率为 10.0%,其中轻微、轻度、中度和重度污染点位比例分别为 5.9%、1.6%、1.2%和 1.3%,主要污染物为砷、镉、六六六和滴滴涕;草地土壤点位超标率为

10.4%，其中轻微、轻度、中度和重度污染点位比例分别为7.6%、1.2%、0.9%和0.7%，主要污染物为镍、镉和砷；未利用地土壤点位超标率为11.4%，其中轻微、轻度、中度和重度污染点位比例分别为8.4%、1.1%、0.9%和1.0%，主要污染物为镍和镉。

2019年正式实施的《中华人民共和国土壤污染防治法》第十四条明确规定："国务院统一领导全国土壤污染状况普查。国务院生态环境主管部门会同国务院农业农村、自然资源、住房城乡建设、林业草原等主管部门，每十年至少组织开展一次全国土壤污染状况普查。"

2. 全国农产品产地土壤重金属污染普查

2012年，由农业部组织的全国农产品产地土壤重金属污染普查工作正式启动实施。根据《关于印发〈农产品产地土壤重金属污染实施方案〉的通知》(农科教发〔2012〕3号)和《关于开展农产品产地重金属污染综合防治工作的通知》(农科教发〔2011〕4号)文件要求，为贯彻落实国务院批复的《重金属污染综合防治"十二五"规划》，切实加强农产品产地重金属污染防治工作，要求各省市农业部门在2012—2015年完成农产品产地重金属污染普查，建立农产品产地土壤环境质量档案，启动农产品产地例行监测，实行农产品产地分级管理工作，以提升农产品安全保障水平。

开展全国农产品产地土壤重金属污染普查的目的主要有4个方面：一是明晰农产品产地土壤重金属污染状况、分布、特征等基础信息，开展产地安全等级划分，为产地安全现状管理服务；二是摸清农产品产地及其周围环境污染历史与现状、农业生产有关情况以及自然、社会经济状况等，开展农产品产地安全区划，科学设置国控点，开展动态预警监测，为实施产地安全动态管理服务；三是对土壤重金属污染修复示范区，全面准确掌握污染现状，为制定污染修复方案，选择修复技术、方法、措施、材料等提供依据，同时为评估污染修复效果提供背景资料；四是对禁产区划分试点区，全面准确掌握污染现状，为制定禁产区划分试点方案、插值分析、加密监测、边界确定等提供基础数据支持，同时为探讨禁产区划分补偿区域范围、补偿方法与标准，调整农业种植结构等提供依据。此次普查采取全国统一实施方案、统一技术培训、统一技术规范、统一全程质量控制，从区域划定、方案制定、资料收集、点位布设、现场采样、调查、样本晾晒、样本制备、样本流转、样本加标、实验室筛选与质控、数据批批审核与复核、数据分析与处理、报告的编制和全过程的质量控制，都采取了统一的要求和规范。

根据农业部统一要求，并结合北京市实际工作情况，针对全市农产品产地土壤重金属污染面积、种类和程度不清等基础工作薄弱问题，对农产品产地土壤重金属污染进行大比例尺调查监测，优先摸清重点区域农产品产地农田土壤重金属污染底数，并建立全市农产品产地土壤环境质量档案和数据库，设立国家级长期监控点，筛选农产品产地例行监测点。此次工作的对象为全市农产品产地土壤，工作范围包括朝阳区、海淀区、丰台区、大兴区、顺义区、通州区、昌平区、房山区、平谷区、怀柔区、门头沟区、密云区和延庆区 13 个农业区的大城市郊区农产品生产区、工矿企业周边农产品生产区、污水中水灌溉区农产品生产区和重要农产品生产区等全部农产品产地；每 150 亩布设一个土壤采样点位，按照农业部要求完成北京市 9 364 个农产品产地土壤重金属污染普查土壤监测点相关工作。各区的采样点位数分布情况见图 1。

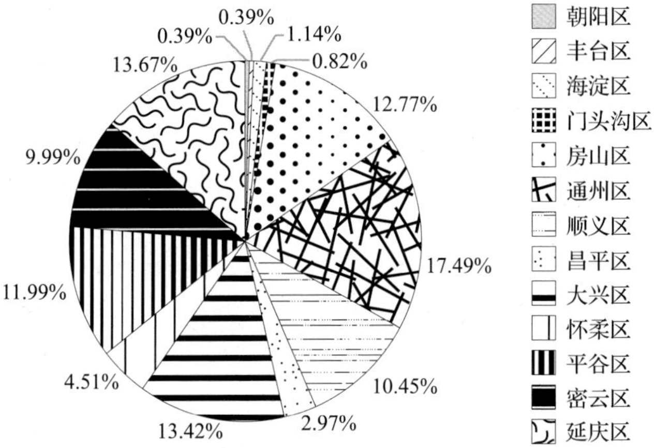

图 1 各区采样点位数分布情况

普查污染物种类主要为对产地安全影响较大、污染持续时间长的重金属指标以及 pH、选测有机质和阳离子交换量等项，建立了全国首个农业环境土壤二维码样本库，获得 20 余万个农产品产地土壤环境质量大数据，完成了现状评价、综合性评价、累积性评价、适宜性评价和风险评价；根据普查结果，结合 13 个区的不同地理地貌、农产品种植面积、种植类型、各类污染源分布情况等综合因素，分别筛选出 610 个国家级长期监控点（含 387 个国家级例行监控点）和 610 个市级长期监控点，此项工作延续至今，具体见下文。

3. 中国耕地地球化学调查

国土资源部 2015 年 6 月 25 日公布的《中国耕地地球化学调查报告（2015 年）》显示：1999—2014 年，中国地质调查局实施了全国土地地球化学调查，调查比例尺为 1∶25 万，每 1 km×1 km 的网格（即 1 500 亩）布设 1 个采样点位，调查土地总面积为 150.7 万 km^2，其中调查耕地 13.86 亿亩。调查表明：采用《土壤环境质量标准》(GB 15618—1995)[已被《土壤环境质量 农用地土壤污染风险管控标准（试行）》(GB 15618—2018)代替]中二级标准重金属含量为标准，无重金属污染耕地 12.72 亿亩，占调查耕地总面积的 91.8%，主要分布在苏浙沪区、东北区、京津冀鲁区、西北区、晋豫区和青藏区；轻微-轻度污染或者超标的点位比例占

5.7%，覆盖面积7 899万亩，重金属中重度污染或者超标的点位比例占2.5%，覆盖面积3 488万亩；污染或者超标的耕地主要分布在南方的湘鄂皖赣区、闽粤琼区和西南区。

4. 全国土壤污染状况详查

2016年5月28日，国务院印发了《土壤污染防治行动计划》，要求以改善土壤环境质量为核心，以保障农产品质量和人居环境安全为出发点，坚持预防为主、保护优先、风险监测，突出重点区域实施分类别、分用途、分阶段治理，形成政府主导、企业担责、公众参与、社会监督的土壤污染防治体系。全国土壤污染状况详查工作，是《土壤污染防治行动计划》明确的首要任务，也是土壤环境管理领域重要的基础性工作。2016年12月27日，环境保护部、财政部、国土资源部、农业部以及国家卫生和计划生育委员会五部委联合印发了《全国土壤污染状况详查总体方案》，强调了全国土壤污染状况详查是一项重要的国情调查，是推动土壤环境风险管控、维护公众健康的重大民生工程，是促进土壤污染治理、逐步改善土壤环境质量的重要基础性工作，对健全我国土壤环境管理体系、促进土壤资源永续利用、保障农产品质量和人居环境安全具有重要意义。

本次详查包括农用地土壤污染状况详查和重点行业企业用地土壤污染状况调查2个方面。农用地土壤污染状况详查是在已有调查基础上，以耕地为重点、兼顾园地和牧草地，进行全面深入、重点突出、针对性强的调查。本次农用地详查历时2年，共布设55.8万个详查点位，采集分析69.8万份详查样品，全国约3.5万人参与这项工作。详查结果表明，我国农用地土壤污染状况总体稳定，部分区域土壤污染风险突出，超筛选值农用地安全利用和严格管控的任务依然较重。

《北京市土壤污染状况详查实施方案》(京环发〔2017〕26号)明确要求：通过此次详查，一是以耕地和园地为重点，围绕已调查发现的土壤点位超标区、土壤重点污染源影响区以及土壤污染问题突出区域，开展农用地土壤污染状况详查监测，查明农用地土壤污染面积、分布、污染程度；二是在农产品超标点位区域开展土壤与农产品协同监测，初步查明土壤污染对农产品质量的影响；三是综合评价农用地土壤污染环境风险。

原北京市环保局、原北京市农业局和北京市园林绿化局按照国务院《土壤污染防治行动计划》(国发〔2016〕31号)等文件规定，共同启动并完成全国农用地土壤污染状况详查工作。本次详查监测在全市农用地范围内划分225个详查单元，布设1 797个详查监测点位；共制备流转2 719个土壤监测样本，监测项目包括土壤中8项重金属总量和有效态、15种多环芳烃、土壤理化性质、总石油烃、21种酚类化合物等检测项目。

以本次普查为契机，农用地分类管理工作正式启动。2016年国务院发布的《土壤污染防治行动计划》第(七)条规定："划定农用地土壤环境质量类别。按污染程度将农用地划为三个类别，未污染和轻微污染的划为优先保护类，轻度和中度污染的划为安全利用类，重度污染的划为严格管控类，以耕地为重点，分别采取相应的管理措施，保障农产品质量安全。2017 年底前，发布农用地土壤环境质量类别划分技术指南。以土壤污染状况详查结果为依据，开展耕地土壤和农产品协同监测与评价，在试点的基础上有序推进土壤环境质量类别划定，逐步建立分类清单，2020 年底前完成。划定结果由各省级人民政府审定，数据上传全国土壤环境信息化管理平台。根据土地利用变更和土壤环境质量变化情况，定期对各类别耕地面积、分布等信息进行更新。有条件的地区要逐步开展林地、草地、园地等其他农用地土壤环境质量类别划定等工作。”

根据《土壤污染防治行动计划》的要求，原环境保护部与农业部联合印发了《农用地土壤环境质量类别划分技术指南(试行)》，主要适用于耕地土壤环境质量类别划分，园地、牧草地等土壤环境质量类别划分可参考该指南。

根据《农用地土壤环境质量类别划分技术指南(试行)》规定，省级农业主管部门会同环境保护主管部门，组织开展耕地土壤环境质量类别划分工作，划分结果报省级人民政府审定，并根据土地利用变更和土壤环境质量变化情况，结合实际，对各类别农用地面积、分布等信息及时进行更新共享，数据上传至农用地环境信息系统。

2019 年正式实施的《中华人民共和国土壤污染防治法》第十四条明确规定："国务院有关部门、设区的市级以上地方人民政府可以根据本行业、本行政区域实际情况组织开展土壤污染状况详查。"第四十九条明确规定："国家建立农用地分类管理制度。按照土壤污染程度和相关标准，将农用地划分为优先保护类、安全利用类和严格管控类。"

2021 年正式实施的《北京市土壤污染防治条例》第十一条规定："市人民政府可以根据土地用途、土壤污染状况普查和监测情况等，组织生态环境、农业农村、园林绿化、规划自然资源等部门开展全市土壤污染状况详查，掌握全市土壤环境质量状况，加强土壤污染状况详查成果应用。详查范围应当覆盖农用地、建设用地、未利用地。区人民政府可以根据实际情况，开展重点区域土壤污染状况详查。"

5. 第一次全国污染源普查

原环境保护部、原国家统计局和农业部为贯彻落实科学发展观，加强环境监督管理，了解各类企事业单位与环境有关的基本信息，建立健全各类重点污染源档案和各级污染源信息数据库，为制定经济社会政策提供依据。国务院开展第一次全国污染源普查。普查的标准时点为 2007 年 12 月 31 日，时期为 2007 年度。普查对象是我国境内排放污染物的工业污染源、农业污染源、生活污染源和集中式污染治理设施。普查内容包括各类污染源的基本情况、主要污染物的产生和排放数量、污染治理情况等。2010 年 2 月 6 日，《第一次全国污染源普查公报》(以下简称《公报》)正式发布。

《公报》中农业污染源的基本情况如下:农业源普查对象为 2 899 638 个。其中:种植业 38 239 个,畜禽养殖业 1 963 624 个,水产养殖业 883 891 个,典型地区(指巢湖、太湖、滇池和三峡库区 4 个流域)农村生活源 13 884 个。农业源(不包括典型地区农村生活源,下同)中主要水污染物排放(流失)量:化学需氧量为 1 324.09 万 t,总氮为 270.46 万 t,总磷为 28.47 万 t,铜为 2 452.09 t,锌为 4 862.58 t。

其中,种植业源主要污染物流失(排放)情况表明:种植业总氮流失量为 159.78 万 t(其中地表径流流失量为 32.01 万 t,地下淋溶流失量为 20.74 万 t,基础流失量为 107.03 万 t),总磷流失量为 10.87 万 t;种植业地膜残留量为 12.10 万 t,地膜回收率为 80.3%;重点流域种植业主要水污染物流失量中总氮为 71.04 万 t、总磷为 3.69 万 t。

畜禽养殖业情况表明:其主要水污染物排放量中化学需氧量为 1 268.26 万 t,总氮为 102.48 万 t,总磷为 16.04 万 t,铜为 2 397.23 t,锌为 4 756.94 t;畜禽养殖业粪便产生量为 2.43 亿 t,尿液产生量为 1.63 亿 t;重点流域畜禽养殖业主要水污染物排放量:化学需氧量为 705.98 万 t,总氮为 45.75 万 t,总磷为 9.16 万 t,铜为 980.03 t,锌为 2 323.95 t。

水产养殖业情况表明:其主要水污染物排放量中化学需氧量为 55.83 万 t,总氮为 8.21 万 t,总磷为 1.56 万 t,铜为 54.85 t,锌为 105.63 t;重点流域水产养殖业主要水污染物排放量中化学需氧量为 12.67 万 t,总氮为 2.15 万 t,总磷为 0.41 万 t,铜为 24.62 t,锌为 50.15 t。

北京市第一次农业污染源普查的主要目标有 2 点:一是开展全市农业污染源全面调查,掌握北京市农业污染源基数、分布和污染现状;二是建立农业污染源信息数据库,为北京市农业发展宏观决策、农业环境保护政策制定等工作奠定基础。此次普查涉及北京市 13 个区,184 个乡镇,农业污染源普查对象共有 21 314 个,北京市第一次农业源清查数量统计见表 2。其中,种植业 6 568 个,农户 6 565 个,规模化农场 3 个;畜禽养殖业普查对象 11 712 个,水产养殖业普查对象 3 034 个;获得 493 万个指标数据,建立了农业污染源普查档案和数据库,超额完成了国家任务。农业污染源数据也正式纳入环境统计范畴,为首都生态环境可持续发展提供全面数据支撑。

表 2　北京市第一次农业源清查数量统计　　个

区名	农户	规模化农场	畜禽养殖业	水产养殖业	总量
怀柔区	453	0	687	78	1 218
密云区	776	0	1 123	122	2 021
顺义区	600	0	1 219	430	2 249
平谷区	702	0	1 412	720	2 834

续表2

区名	农户	规模化农场	畜禽养殖业	水产养殖业	总量
昌平区	509	0	676	130	1 315
房山区	1 081	0	1 278	126	2 485
大兴区	667	2	1 682	112	2 463
朝阳区	91	0	21	216	328
海淀区	169	0	104	63	336
丰台区	100	0	67	6	173
通州区	676	0	2 211	928	3 815
门头沟区	243	0	137	7	387
延庆区	498	1	1 095	96	1 690
合计	6 568		11 712	3 034	21 314

6. 第二次全国污染源普查

依据《全国污染源普查条例》(国务院令 508 号)、国务院办公厅《关于开展第二次全国污染源普查的通知》(国发〔2016〕59 号)、农业农村部《全国农业污染源普查方案》(农办科〔2018〕14 号)、《北京市第二次全国污染源普查实施方案》(京污普〔2018〕2 号)文件要求,2017—2019 年完成第二次全国污染源普查工作,普查的标准时点为 2017 年 12 月 31 日,时期资料为 2017 年度资料。普查对象是全市辖区内排放污染物的工业污染源、农业污染源、生活污染源、集中式污染治理设施、移动源。

《第二次全国污染源普查公报》显示:2017 年末,北京市普查对象数量为 26 249 个(不含移动源)。包括工业源 9 393 个,畜禽规模养殖场 928 个,生活源 14 911 个,集中式污染治理设施 1 003 个(不含 5 家危险废物协同处置厂);以行政区为单位的普查对象为 14 个。2017 年,全市水污染物排放量:化学需氧量为 9.21 万 t,氨氮为 3 439.58 t,总氮为 2.35 万 t,总磷为 756.89 t,动植物油为 1 041.42 t,石油类为 8.27 t,挥发酚为 46.04 kg,氰化物为 21.08 kg,重金属(铅、汞、镉、铬和类金属砷,下同)为 130.40 kg。其中,工业源水污染物排放量:化学需氧量为 1 484.31 t,氨氮为 44.11 t,总氮为 744.18 t,总磷为 21.71 t,石油类为 8.27 t,挥发酚为 46.04 kg,氰化物为 21.08 kg,重金属为 85.29 kg;工业源大气污染物排放量:二氧化硫为 1 769.53 t,氮氧化物为 9 846.63 t,颗粒物为 1.60 万 t,挥发性有机物为 1.97 万 t。

农业污染源由农业部门具体负责,涉及种植、畜禽、水产、秸秆和农用地膜 5 个行业污染源普查,涉及 13 个区的种植业、水产养殖业和畜禽养殖业三大行业,入户调查畜禽规模养殖场928个。其中种植业抽样调查样本任务要求为2 000个，实际调查样本2 004个，覆盖北京市13个涉农区，140个乡镇，793个村，涉及黄淮海半湿润平原区的露地蔬菜、保护地、小麦玉米轮作、其他大田作物和园地5类，以及北方高原地区的大田作物和园地等5类，共10类种植模式。其中，黄淮海半湿润平原区-露地蔬菜101个、黄淮海半湿润平原区-保护地305个、黄淮海半湿润平原区-小麦玉米轮作150个、黄淮海半湿润平原区-其他大田作物307个、黄淮海半湿润平原区-园地538个、北方高原山地区-缓坡地-非梯田-顺坡-大田作物38个、北方高原山地区-缓坡地-非梯田-横坡-大田作物102个、北方高原山地区-缓坡地-非梯田-园地87个、北方高原山地区-缓坡地-梯田-园地207个、北方高原山地区-陡坡地-梯田-园地169个。典型地块规模户调查477户，规模户所占调查比例为24%。北京市各种植模式抽样调查样本分布情况见表3。

农业源水污染物排放量：化学需氧量为2.66万t，氨氮为418.67 t，总氮为2 310.95 t，总磷为278.36 t。其中，种植业水污染物排放（流失）量中氨氮为10.64 t、总氮为282.51 t、总磷为12.42 t；秸秆产生量为43.96万t，秸秆可收集资源量为39.64万t，秸秆利用量为38.85万t；地膜使用量为2 141.46 t，多年累积残留量为10.88 t。

7. 基本农田土壤环境质量长期定位监测

《中华人民共和国基本农田保护条例》第二十三条规定：“县级以上人民政府农业行政主管部门应当会同同级环境保护行政主管部门对基本农田环境污染进行监测和评价，并定期向本级人民政府提出环境质量与发展趋势的报告。”《北京市基本农田保护条例》第二十三条规定：“市和区农业行政主管部门，应当会同同级环境保护部门对基本农田环境质量进行监测与评价，并定期向同级人民政府提交基本农田环境质量与发展趋势的报告。”

为落实以上条例的要求，1999年，按照农业部统一部署，基本农田环境质量长期定位监测工作由农田灌溉水监测转至农田土壤监测，以粮田为主共设置监测点32个。自2004年起，北京市基本农田土壤环境质量长期定位监测工作连续实施至今，点位一直保持在155个，监测的产地类型随着北京市农业发展步伐由最初粮田作物产地扩展到粮田菜田为主、兼顾经济作物和果品用地。后以第三次全国土地调查数据为基础，科学调整监测点位，并将监测点位纳入市级农产品产地土壤-农产品质量协同监测工作，且各区也设置了区级基本农田土壤环境质量长期定位监测点，农业行业土壤环境质量监测一张网基本形成。

监测点位具有代表性和连续性，155个长期定位监测点位涵盖顺义区、大兴区、通州区、房山区、平谷区、延庆区、昌平区、密云区、门头沟区、怀柔区、朝阳区、海淀区、丰台区全部13个涉农区，基本农田土壤环境质量长期定位监测点位数量分配情况见表4，主要种植作物涉及粮食作物、蔬菜、果品和经济作物。

表 3 北京市各种植模式抽样调查样本分布情况

个

种植模式	朝阳区	海淀区	丰台区	门头沟区	顺义区	通州区	昌平区	大兴区	房山区	延庆区	怀柔区	密云区	平谷区	合计
黄淮海半湿润平原区-露地蔬菜	—	2	1	—	19	14	3	26	10	5	13	2	6	101
黄淮海半湿润平原区-保护地	2	5	2	—	43	67	22	41	39	10	4	29	41	305
黄淮海半湿润平原区-小麦玉米轮作	—	—	—	—	58	16	0	27	36	—	—	5	8	150
黄淮海半湿润平原区-其他大田作物	—	4	1	7	25	7	5	34	65	99	3	18	39	307
黄淮海半湿润平原区-园地	1	15	1	—	32	24	24	44	73	69	58	62	135	538
北方高原山地区-缓坡地-非梯田-顺坡-大田作物	—	—	—	—	—	—	—	—	—	—	38	—	—	38
北方高原山地区-缓坡地-非梯田-横坡-大田作物	—	—	—	—	—	—	—	—	—	20	—	82	—	102
北方高原山地区-缓坡地-非梯田-园地	—	—	1	—	—	—	—	—	—	—	—	21	65	87
北方高原山地区-缓坡地-梯田-园地	—	2	—	—	—	—	28	—	6	20	62	89	—	207
北方高原山地区-陡坡地-梯田-园地	—	—	—	40	—	—	38	—	—	—	46	45	—	169
合计	3	28	6	47	177	128	120	172	229	223	224	353	294	2 004

表 4　北京市基本农田土壤环境质量长期定位监测点位数量分配情况　　个

序号	区名	基本农田土壤环境质量长期定位监测点位数量
1	朝阳区	4
2	海淀区	7
3	丰台区	4
4	门头沟区	5
5	房山区	16
6	通州区	18
7	顺义区	16
8	昌平区	15
9	大兴区	19
10	怀柔区	9
11	平谷区	14
12	密云区	15
13	延庆区	13
合计		155

基本农田土壤长期定位监测的对象为农田土壤环境，主要监测项目从 pH 和铅、铬、镉、砷、汞 5 项重金属指标，增加到 pH 和铅、铬、镉、砷、汞、铜、锌、镍 8 项重金属指标，部分土壤样品监测六六六、滴滴涕等有机污染物。

基本农田土壤长期定位监测的年度数据评价，既要考虑土壤中重金属含量是否超出国家标准，能否满足种植业生产实际需求，是否达到农产品质量安全基本要求，又要考虑农业生产对土壤重金属含量累积的影响，因此选择土壤环境质量农用地土壤污染风险管控标准和土壤背景值进行评价。

8. 国家级面源污染长期定位监测

作为一项常态化农田氮磷流失状况监测，国家级农业面源污染监测自 2013 年至今已连续实施多年，农业农村部持续在全国 241 个氮磷流失原位国家级面源污染监测点和 2 万个典型种植模式地块调查，即此项工作包括两方面工作内容：一是农田典型种植模式调查；二是种植业污染源产排污系数测算。其中农田典型种植模式调查涉及 13 个农业区的县（区）级总体种植情况调查，涉及顺义区、大兴区、通州区、房山区、平谷区、延庆区、昌平区、密云区和怀柔区 9 个重点区的不同种植类型，340 个典型地块基本情况调查；种植业污染源产排污系数测算是采取田间地下淋溶监测和地表径流监测的方法，北京市共 12 个国家级农业面源污染原位监测点，通过实地监测，获取涵盖全市主要种植区域、种植方式、耕作方式、农田类型、土壤类型、地形地貌和主要作物的农田污染物流失系数，为进一步全面掌握黄淮海平原区面源污染负荷奠定科学的基础。

9. 国家级地膜残留监测

地膜是继种子、化肥和农药之后的第四大农业生产资料，其具有良好的增温、保墒、防草作用，可以较好地提高作物产量。我国是世界上地膜使用量最大、覆盖面积最大、覆盖作物种类最广的国家，2022 年全国地膜使用量达到 134.2 万 t，覆盖面积为 2.6 亿亩。但长期使用地膜，造成了地膜残留污染，这成为农业绿色发展的突出环境问题。

为了全面掌握地膜残留污染情况，2007 年第一次全国污染源普查工作包含了农田地膜残留监测。从 2013 年起，农业部（农业农村部）在全国范围内设置农田地膜残留监测点位，开展地膜残留年度监测。2019 年，农业农村部在第二次全国污染源普查工作的基础上，建立了全国地膜污染源档案和信息数据库，涉及 2 800 个涉农县（市、区），基本掌握了我国不同区域、不同作物的地膜应用、回收和残留情况；同时，通过整合和新建，形成了由 500 个国家级地膜长期监测点，2 000 多个省级地膜监测点构成的监测网络，并开发完成了地膜应用及污染相关数据上报统计系统，构建了全国地膜应用、回收处理及残留污染监测预警平台。北京市国家级农田地膜残留监测点共有 10 个，具体分布情况见表 5。

表 5 北京市国家级农田地膜残留监测点分布情况

编号	区	地址	作物
11DM-J-01	房山区	琉璃河镇庄头村	露地蔬菜
11DM-J-02	顺义区	木林镇王泮庄村	保护地蔬菜
11DM-J-03	大兴区	青云店镇西鲍辛庄村	保护地蔬菜
11DM-J-04	平谷区	夏各庄镇南太务村	露地蔬菜
11DM-J-05	大兴区	青云店镇西鲍辛庄村	保护地瓜果
11DM-J-06	房山区	石楼镇襄驸马庄村	保护地蔬菜
11DM-J-07	大兴区	长子营镇永和庄村	保护地瓜果
11DM-J-08	大兴区	长子营镇北蒲洲营村	露地蔬菜
11DM-J-09	大兴区	长子营镇北蒲洲营村	保护地蔬菜
11DM-J-10	平谷区	夏各庄镇南太务村	保护地蔬菜

使用地膜覆盖农田存在不同程度的残留污染问题，西北内陆、北方农牧交错带、云贵高原是残留污染较严重的区域，三级和四级污染点位主要分布在上述区

域，如新疆部分地区地膜残留量为 265.3～381.1 kg/hm^2，而东南地区农田土壤地膜残留污染相对较轻，地膜残留量一般在 30 kg/hm^2 以下。《第二次全国污染源普查公报》显示，2017 年，地膜使用量为 141.93 万 t，多年累积残留量为 118.48 万 t。地膜残留量受到很多因素的影响，种植作物种类是影响地膜回收的主要因素，如由于花生地膜在收获时极易破碎而导致花生地膜的残留量较高。此外，地膜厚度也是影响地膜残留量的主要原因，地膜越薄，抗拉能力越差，越易破碎，加大了回收难度。是否采取回收地膜等农艺措施也对地膜残留量影响较大，研究结果显示，进行回收处理的地膜残留率约为 13.7%，未进行回收处理的地膜残留率约为 35.6%，可见回收措施可有效减少农田中地膜的残留量。

北京市采用地膜覆盖技术的作物主要有 4 类，分别是地膜玉米、地膜花生、地膜根茎叶类蔬菜和地膜瓜果类蔬菜（水果）。地膜根茎叶类蔬菜主要有生菜、西蓝花、芥蓝等，地膜瓜果类蔬菜（水果）主要有西瓜、番茄、黄瓜、甜椒、茄子及草莓等。2010 年前后北京市由于“退耕还林”等政策，耕地面积有所减少，地膜使用量与地膜覆盖面积呈双减趋势，2014—2021 年地膜使用量减少 23.71%，地膜覆盖面积呈现先减少后增加的趋势，2014—2021 年北京市地膜使用情况见图 2。

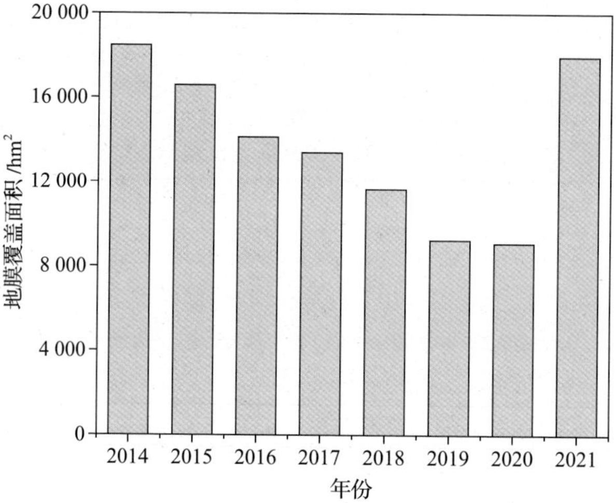

图 2　2014—2021 年北京市地膜使用情况

目前，北京市典型覆膜作物为保护地瓜果、保护地蔬菜和露地蔬菜。数据分析结果表明，平均地膜残留量为 0.405 3 kg/亩，3 种典型覆膜作物地膜残留量由大到小依次为露地蔬菜、保护地蔬菜、保护地瓜果，露地蔬菜采样地块地膜残留量大约是保护地蔬菜采样地块的 1.82 倍，是保护地瓜果采样地块的 2.77 倍，北京市典型覆膜作物地膜残留情况见图 3。

农田地膜残留不仅有破坏土壤结构，影响农作物生长发育，导致土壤中水肥运

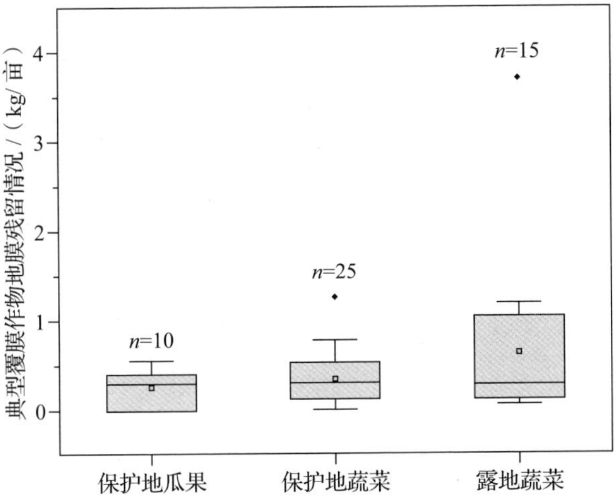

图 3 北京市典型覆膜作物地膜残留情况

移不均等直接危害，而且残留的地膜在老化降解过程中可能产生巨量微塑料，造成土壤塑化剂污染。研究发现，长期使用塑料薄膜可增加土壤中邻苯二甲酸酯类塑化剂(PAEs)的污染程度，且土壤中 PAEs 的含量累积与地膜使用年限成正比。2019 年国家自然科学基金委员会批准了 5 项该类研究课题，重点开展土壤微塑料分离方法、形态和分布特征，以及塑化剂危害方面的研究工作。

2015 年，农业部印发《关于打好农业面源污染防治攻坚战的实施意见》(农科教发〔2015〕1 号)，明确提出着力解决农田残膜污染，加快生态友好型可降解地膜的研发。2015 年，农业部在全国 13 个省(自治区、直辖市)组织开展降解地膜试验评价和示范推广工作，建立适合不同生态区域类型和覆膜作物的农田应用评价体系。虽然生物降解地膜可以有效解决“白色污染”问题，但并不意味着生物降解地膜对环境完全没有危害。目前，只有少数研究对降解地膜对土壤健康的影响进行了分析。生物降解地膜和聚乙烯地膜的主要材料和降解周期不同，但两者都存在微塑料潜在污染问题。有研究发现，聚乳酸和聚碳酸亚丙酯两种生物可降解材料的生物友好性并不比聚乙烯好，因此降解地膜的可控性、残留物对土壤环境的影响还有待进一步研究。

10. 国家级农产品产地土壤与农产品协同监测

按照《生态环境监测网络建设方案》和《关于深化环境监测改革提高环境监测数据质量的意见》，生态环境部会同农业农村部等部门，按照互补不重复、科学经济、动态调整的原则，整合优化相关行业土壤环境监测点位，统一规范、统一标准和统一信息发布，构建和运行国家土壤环境监测网。国家土壤环境监测网包括背景点位、基础点位和风险点位。农业农村部基于农产品质量安全，布设农产品产地风险点位，开展国家级农产品产地土壤与农产品协同监测(简称国控监测)工作。

《土壤污染防治行动计划》要求在2017年底前，完成土壤环境质量国控监测点位设置，建成国家土壤环境质量监测网络，充分发挥行业监测网作用，基本形成土壤环境监测能力。各地可根据工作需要，补充设置监测点位，增加特征污染物监测项目，提高监测频次。2020年底前，实现土壤环境质量监测点位在所有县(市、区)全覆盖。

《农业农村部办公厅　生态环境部办公厅关于印发〈国家土壤环境监测网络农产品产地土壤环境监测工作方案(试行)〉的通知》确定了工作目标、提出了总体要求、部署了工作任务，统一规划国家级农产品产地土壤环境监测网络的设置。

农业农村部编制的《农产品产地土壤环境质量例行监测总体方案》工作目标要求，以保障农产品质量安全为核心预警目标，统筹农产品产地土壤环境质量与农产品质量，坚持科学布点，坚持例行监测、长期监测与协同监测相结合，切实提升农产品产地土壤环境监管能力和水平，到2020年底，形成长期连续稳定的农产品产地土壤环境质量监测数据链，基本掌握全国范围及重点区域农产品产地环境总体质量状况和变化趋势，实现农产品产地土壤环境监测的现代化、标准化、信息化，建立准确评判、响应及时的动态预警体系和相应的运行机制。采取土壤环境质量与农产品质量相结合、例行工作与长期目标相结合、国控监测点位与省控监测点位相结合以及科学性与规范性相结合的基本原则，构建农产品产地土壤环境质量监测网。

国控监测点位是总体反映农产品产地土壤环境质量状况变化情况的点位，依据全国农产品产地安全区划结果，原则上从原有农产品产地土壤重金属普查监测点位中选出，尽可能分布在优先保护类、安全利用类和严格管控类3类农产品产地相对集中连片的基本农田大宗农产品产区。国控监测点位不得随意变更、撤销。国控例行监测点位从国控监测点位中选出，每年采集并测定所有国控例行监测点位的农产品和1/3国控例行监测点位的土壤样品，每3年完成一个周期。产地环境质量例行监测的重点是土壤理化性质和重金属，监测主要项目见表6。布点时，以农产品产地为重点，原则上应覆盖我国3类农产品产地，兼顾主栽农产品、地方特色农产品等的园地、林地和人工牧草地等农用地。

表6　农产品产地土壤环境质量例行监测主要项目

监测点位	主要监测指标 (必测项目)	特征污染物 (选测项目)
国控监测点位	土壤:pH、有机质、机械组成、阳离子交换量、砷、镉、铬、汞、铅、铜、锌、镍	无机污染物:钒、锰、钴、铍、铊、锑等
	农产品:砷、镉、铬、汞、铅、铜、锌、镍	
国控例行监测点位 省控监测点位	土壤:pH、有机质、机械组成、阳离子交换量、砷、镉、铬、汞、铅、铜、锌、镍	有机污染物:有机氯类农药、多环芳烃、邻苯二甲酸酯、多氯联苯、抗生素等
	农产品:砷、镉、铬、汞、铅、铜、锌、镍	

按照国家的要求，北京市设立 610 个国控监测点位，其中包括 385 个国控例行监测点位，北京市农产品产地土壤环境质量国控监测点位数量分配情况见表 7。

《2024 年农业资源环境保护与农村能源发展报告》显示：全国共布设国控监测点位 5 783 个，其中普通循环监测点位 2 783 个，开展土壤重金属、基本理化性状、耕地地力以及农产品质量协同监测。

表 7 北京市农产品产地土壤环境质量国控监测点位数量分配情况 个

序号	区名	国控例行监测点位	固定监测点位	循环监测点位
1	朝阳区	2	1	1
2	海淀区	16	1	15
3	丰台区	4	1	3
4	门头沟区	4	1	3
5	房山区	60	1	59
6	通州区	32	1	31
7	顺义区	60	1	59
8	昌平区	22	1	21
9	大兴区	60	1	59
10	怀柔区	23	1	22
11	平谷区	30	1	29
12	密云区	50	1	49
13	延庆区	22	1	21
合计		385	13	372

这项工作也被正式纳入 2019 年正式实施的《中华人民共和国土壤污染防治法》第十五条："国家实行土壤环境监测制度。国务院生态环境主管部门制定土壤环境监测规范，会同国务院农业农村、自然资源、住房城乡建设、水利、卫生健康、林业草原等主管部门组织监测网络，统一规划国家土壤环境监测站（点）的设置。"

11. 北京市农业生态环境质量监测与评价

2006 年，北京市启动了新中国成立以来首次在全市范围内开展的农业生态环境质量监测与评价，这也是率先在全国进行的省市级行政区域内的农业生态环境质量监测与评价，涵盖种植业、畜牧养殖业和水产养殖业三大行业，监测项目多，数据信息采集量大，涉及种类全面。

针对种植业生态环境的特点，结合北京市的具体情况，主要通过对大兴区、通州区、顺义区、昌平区、房山区、怀柔区、平谷区、门头沟区、密云区、朝阳区、海淀区、丰台区、延庆区共13个区的农业生态环境进行质量监测与评价，对北京市种植业生态环境质量进行全面“摸底”。监测覆盖范围涉及全市13个区，170余个乡镇，2 800余个行政村。在调查污染源的基础上采用环境单元和行政单元相结合的布点方式，综合考虑地理地形、土壤质地等环境因素，设立农田土壤环境监测点位，按照《农田土壤环境质量监测技术规范》(NY/T 395—2000)(已被NY/T 395—2012代替)要求，进行全市农田土壤环境质量监测，共布设监测点位3 012个，有效监测点位2 908个；监测的地块种植作物以粮食作物、蔬菜、林果作物和经济作物为主，涵盖全市主要的种植类型；监测项目指标主要为pH以及铅、镉、砷、汞、铬、铜、锌、镍8项重金属，部分监测样本加测了持久性污染物六六六、滴滴涕等；另外，本项目还针对种植业农田灌溉水质进行了监测。同时，针对不同的用途需求，采用不同的评价标准分别进行了土壤环境质量的综合性、适宜性和累积性评价，利用这次全面摸底的数据建立北京市农业生态环境质量数据库。

12. 北京市农产品产地安全状况普查

根据《农业部办公厅关于进一步加强农产品产地环境安全管理的通知》(农办科〔2009〕4号)的要求，为切实加强农产品产地环境管理，防治农产品产地污染，保护和改善产地环境质量，保障农产品质量安全，从2009年开始，在北京市全面启动农产品产地安全状况普查工作。

北京市农产品产地安全普查工作主要包括：普查方案制定、产地调查及资料收集、产地监测单元划分、布点采样、测试分析及质量控制、数据审核、数据统计分析、建立产地档案和数据库等技术内容。普查范围是全市13个农业区，分别为朝阳区、海淀区、丰台区、大兴区、顺义区、通州区、昌平区、房山区、平谷区、怀柔区、门头沟区、密云区和延庆区。普查区域包括重点区域和一般区域，重点区域为各区工矿企业周边的农产品生产区、污水灌溉区、大中城市郊区农产品生产区；一般区域为重点区域以外的区域。监测的对象包括土壤、农产品、农田灌溉水以及农区大气；其中土壤监测是按照《农田土壤环境质量监测技术规范》的要求进行土壤采样点位的布设。按照农业农村部总体部署和北京市农产品产地安全实际调研情况，加密布点原则，对潜在污染区域按照每200亩布设一个采样点；对工矿企业周边农产品生产区、污水灌溉区和大中城市郊区农产品生产区按照每500亩布设一个采样点；重要农产品生产区和其他需要监测的区域按照每1 000亩布设一个采样点；对已污染的区域按照每50亩布设一个采样点。土壤监测项目包括：铜、锌、铅、镉、镍、砷、铬、汞和pH，获取有效数据3万余个。

按照全国的统一要求，不同类别区域确认方法如下：工矿企业周边农区是指历史上较长时间或根据现实状况，因为某些企业由于污染治理不当，致使企业“三废”等直接或间接进入农产品产区，并造成或可能造成产区土壤和农产品中重金属含量在近 30 年内有超标且面积超过 33.33 hm^2 的区域。污水灌溉区是指历史上较长时间或根据现实状况，因为引入工业污水、城市下水道污水，或因污染致使鱼虾基本绝迹等超过《农田灌溉水质标准》（GB 5084—2021）的水体灌溉，造成或可能造成耕地土壤或农产品中重金属含量在近 30 年内有超标且面积超过 33.33 hm^2 的区域。大中城市郊区是指按照行政区划所确定的省会和地级市郊区，因为使用城市污染混合污水、垃圾、污泥、农用化学物质等，造成或可能造成耕地土壤或农产品中重金属含量在近 30 年内有超标且面积超过 33.33 hm^2 的区域。上述三类重点区域之外的农产品产地，皆认定为一般农区。

基准年（资料）为 2010 年，依据不同区域的确认方法，针对北京市农田污染特点，综合考虑北京市工作生产布局，结合农业生产实际，确定平谷区的刘家店镇和金海湖镇，怀柔区的怀北镇，昌平区的马池口镇，房山区的河北镇、青龙湖镇、城关镇、周口店镇、窦店镇、琉璃河镇部分地区为工矿企业周边地区；确定通州区的马驹桥镇、张家湾镇和台湖镇，大兴区的长子营镇、采育镇和青云店镇为污灌区；13 个区的郊区周边为大中城市郊区。

13. 市级农产品产地土壤-农产品质量协同监测

《农业农村部办公厅　生态环境部办公厅关于印发〈国家土壤环境监测网农产品产地土壤环境监测工作方案（试行）〉的通知》确定了工作目标、提出了总体要求，部署了工作任务，统一规划国家级农产品产地土壤环境监测网络的设置。作为国家级农产品产地土壤环境监测网络的组成部分，按照《农产品产地土壤环境质量例行监测总体方案》要求，除上述国控监测点位外，各省（自治区、直辖市）应根据各自的实际情况和经济发展水平，增加布设一定数量的省级农产品产地土壤环境质量监测点位（省控监测点位），相应开展监测工作，以适应进一步明确行政区农产品产地土壤环境质量状况及变化趋势的需要。相对于国控监测点位，省控监测点位能够起到空间加密和类型补充的重要作用。省控监测点位数量和布设工作可以参考国控监测点位的布设原则和布设方式，由各省份自行确定，并报农业农村部备案。

按照国家的要求，在全市农产品产地启动土壤重金属例行监测，设置国家、市和区（县）三级监控点，开展农产品产地土壤污染监测预警，以掌握农产品产地土壤污染变化动态，建立长期监测预警机制。全市在设立 610 个国控监测点位的同时，按照 1∶1 的比例设立了 610 个市控监测点位，其中市级承担 400 个、区级承担 210 个。原则上每年完成不少于 1/3 的点位监测，3 年完成一个周期监测。北京市农产品产地土壤环境质量市控监测点位数量分配情况见表 8。

表 8 北京市农产品产地土壤环境质量市控监测点位数量分配情况 个

序号	区名	总体点位数量分布	市级监测	区级监测
1	朝阳区	5	4	1
2	海淀区	8	6	2
3	丰台区	5	4	1
4	门头沟区	5	4	1
5	房山区	92	59	33
6	通州区	67	44	23
7	顺义区	62	39	23
8	昌平区	32	20	12
9	大兴区	83	55	28
10	怀柔区	37	24	13
11	平谷区	58	39	19
12	密云区	89	59	30
13	延庆区	67	43	24
合计		610	400	210

市级农产品产地土壤-农产品质量协同监测的对象为土壤和农产品。土壤监测项目为无机检测项目：铅、汞、镉、铬、铜、砷、锌和镍 8 项重金属，有机污染物：六六六、滴滴涕、苯并[a]芘，以及抗生素、农药残留、微塑料等新污染物，配套监测指标为 pH、有机质和阳离子代换量等预警指标；农产品选择铅、汞、镉、铬、铜、砷、锌和镍 8 项重金属；对农产品产地土壤重金属污染进行监测预警分析，对出现土壤重金属超标或含量持续上升的农产品产地提出预警，组织指导属地农业农村部门采取相应处理措施。

2021 年正式实施的《北京市土壤污染防治条例》第十二条："市生态环境部门负责建设本市土壤环境质量综合监测网络，统一发布土壤环境信息。农业农村、园林绿化部门应当利用本行业监测系统，按照土壤环境监测标准和规范开展土壤环境相关监测。"

14. 受污染耕地土壤-农产品质量协同监测

2019 年正式实施的《中华人民共和国土壤污染防治法》第五十三条规定："对安全利用类农用地地块，地方人民政府农业农村、林业草原主管部门，应当结合主要作物品种和种植习惯等情况，制定并实施安全利用方案。安全利用方案应当包括下列内容：(一)农艺调控、替代种植；(二)定期开展土壤和农产品协同监测与评价；（三）对农民、农民专业合作社及其他农业生产经营主体进行技术指导和培训；（四）其他风险管控措施。”第五十四条规定：“对严格管控类农用地地块，地方人民政府农业农村、林业草原主管部门应当采取下列风险管控措施：（一）提出划定特定农产品禁止生产区域的建议，报本级人民政府批准后实施；（二）按照规定开展土壤和农产品协同监测与评价；（三）对农民、农民专业合作社及其他农业生产经营主体进行技术指导和培训；（四）其他风险管控措施。”2021 年正式实施的《北京市土壤污染防治条例》第三十二条规定：“在安全利用类地块上种植食用农产品的，农业农村、园林绿化部门应当组织开展土壤和食用农产品协同监测，相关协同监测方案由市农业农村、园林绿化部门制定，监测方案应当包括监测标准、方法和频次。”

按照《农业农村部办公厅 生态环境部办公厅关于进一步做好受污染耕地安全利用工作的通知》（农办科〔2019〕13 号）要求，为进一步做好受污染耕地安全利用工作，加强受污染耕地土壤环境质量和农产品质量监测与评价。北京市也明确要求，对辖区内受污染耕地种植的食用农产品，原则上按照“产出一季，检测一季”的要求全面开展农产品质量检测；对检测不合格的，严禁食用，并及时调整安全利用措施；对辖区内的受污染耕地，持续开展耕地土壤环境质量监测，监测项目目前主要为重金属。

综上，各部门已开展的土壤污染状况普查、详查和监测工作目的和用途不同，虽然其调查、监测对象、范围、点位布设、采样、样本处理、检测和数据分析评价的方法以及质量控制要求都不尽相同，但可作为开展耕地土壤污染状况调查不可或缺的重要技术资料进行使用。本标准解决了耕地土壤污染状况调查程序、内容、方法尺度不一、难以保证结果科学性的问题，也可用于耕地突发污染事件的环境风险调查。

二、规范性引用文件

2 规范性引用文件

下列文件中的内容通过文中的规范性引用而构成本文件必不可少的条款。其中，注日期的引用文件，仅该日期对应的版本适用于本文件；不注日期的引用文件，其最新版本（包括所有的修改单）适用于本文件。

GB 2762 食品安全国家标准 食品中污染物限量

GB 2763 食品安全国家标准 食品中农药最大残留限量

GB 5009.11 食品安全国家标准 食品中总砷及无机砷的测定

GB 5009.12 食品安全国家标准 食品中铅的测定

GB 5009.13 食品安全国家标准 食品中铜的测定

GB 5009.14 食品安全国家标准 食品中锌的测定

GB 5009.15　食品安全国家标准　食品中镉的测定

GB 5009.17　食品安全国家标准　食品中总汞及有机汞的测定

GB/T 5009.19　食品中有机氯农药多组分残留量的测定

GB 5009.27　食品安全国家标准　食品中苯并[a]芘的测定

GB 5009.123　食品安全国家标准　食品中铬的测定

GB 5009.138　食品安全国家标准　食品中镍的测定

GB 5009.268　食品安全国家标准　食品中多元素的测定

GB 5084　农田灌溉水质标准

GB/T 14550　土壤中六六六和滴滴涕测定的气相色谱法

GB 15618　土壤环境质量　农用地土壤污染风险管控标准(试行)

GB 23200.113　食品安全国家标准　植物源性食品中 208 种农药及其代谢物残留量的测定　气相色谱-质谱联用法

GB/T 23739　土壤质量　有效态铅和镉的测定　原子吸收法

HJ 164　地下水环境监测技术规范

HJ/T 166　土壤环境监测技术规范

HJ 780　土壤和沉积物　无机元素的测定　波长色散 X 射线荧光光谱法

HJ 784　土壤和沉积物　多环芳烃的测定　高效液相色谱法

HJ 804　土壤　8 种有效态元素的测定　二乙烯三胺五乙酸浸提-电感耦合等离子体发射光谱法

HJ 805　土壤和沉积物　多环芳烃的测定　气相色谱-质谱法

HJ 834　土壤和沉积物　半挥发性有机物的测定　气相色谱-质谱法

HJ 835　土壤和沉积物　有机氯农药的测定　气相色谱-质谱法

HJ 921　土壤和沉积物　有机氯农药的测定　气相色谱法

HJ 923　土壤和沉积物　总汞的测定　催化热解-冷原子吸收分光光度法

HJ 962　土壤　pH 值的测定　电位法

HJ 1315　土壤和沉积物　19 种金属元素总量的测定　电感耦合等离子体质谱法

NY/T 395　农田土壤环境质量监测技术规范

NY/T 398　农、畜、水产品污染监测技术规范

NY/T 890　土壤有效态锌、锰、铁、铜含量的测定　二乙三胺五乙酸(DTPA)浸提法

NY/T 1121.3　土壤检测　第 3 部分:土壤机械组成的测定

NY/T 1121.5　土壤检测　第 5 部分:石灰性土壤阳离子交换量的测定

NY/T 1121.6　土壤检测　第 6 部分:土壤有机质的测定

【释义】

耕地土壤污染状况调查以环境保护为基础，同时也要保障农产品安全，这也对本标准的制定提出了更全面的要求。因此，根据标准编制的需要，本标准综合了环境保护、农业环境监测以及农产品质量安全 3 个领域，涉及监测技术、检测技术和污染物限量 3 大类 36 项标准，包括 18 项国家标准（含推荐标准）、12 项环境保护行业标准和 6 项农业行业标准；这些标准均为不注日期的引用文件，其最新版本（包括所有的修改单）适用于本标准。为了便于读者查阅和使用，现按照不同的工作过程用途所需，具体分类如下：

1. 监测技术标准

监测技术标准共涉及 4 项，包括 2 项环境保护行业标准和 2 项农业行业标准，涉及土壤、水和农产品的污染监测技术标准。其中土壤的环境质量监测吸纳了环境保护行业标准和农业行业标准中的较适宜技术内容。引用的各类监测技术标准汇总见表 9。

表 9 引用各类监测技术标准汇总

标准号	标准名称	标准类型
HJ 164	地下水环境监测技术规范	环境保护行业标准
HJ/T 166	土壤环境监测技术规范	环境保护行业标准
NY/T 395	农田土壤环境质量监测技术规范	农业行业标准
NY/T 398	农、畜、水产品污染监测技术规范	农业行业标准

2. 检测技术标准

根据监测对象和检测项目的需要，检测技术标准共涉及 28 项，包括 12 项食品安全国家标准，16 项环境污染物检测标准，含 2 项国家标准、10 项环境保护行业标准、4 项农业行业标准。引用各类检测技术标准汇总见表 10。

表 10 引用各类检测技术标准汇总

标准号	标准名称	标准类型
GB 5009.11	食品安全国家标准 食品中总砷及无机砷的测定	食品安全国家标准
GB 5009.12	食品安全国家标准 食品中铅的测定	食品安全国家标准
GB 5009.13	食品安全国家标准 食品中铜的测定	食品安全国家标准
GB 5009.14	食品安全国家标准 食品中锌的测定	食品安全国家标准
GB 5009.15	食品安全国家标准 食品中镉的测定	食品安全国家标准
GB 5009.17	食品安全国家标准 食品中总汞及有机汞的测定	食品安全国家标准

续表10

标准号	标准名称	标准类型
GB/T 5009.19	食品中有机氯农药多组分残留量的测定	食品安全国家标准
GB 5009.27	食品安全国家标准　食品中苯并[a]芘的测定	食品安全国家标准
GB 5009.123	食品安全国家标准　食品中铬的测定	食品安全国家标准
GB 5009.138	食品安全国家标准　食品中镍的测定	食品安全国家标准
GB 5009.268	食品安全国家标准　食品中多元素的测定	食品安全国家标准
GB 23200.113	食品安全国家标准　植物源性食品中208种农药及其代谢物残留量的测定　气相色谱-质谱联用法	食品安全国家标准
GB/T 14550	土壤中六六六和滴滴涕测定的气相色谱法	土壤质量国家标准
GB/T 23739	土壤质量　有效态铅和镉的测定　原子吸收法	土壤质量国家标准
HJ 780	土壤和沉积物　无机元素的测定　波长色散X射线荧光光谱法	土壤质量环境保护行业标准
HJ 784	土壤和沉积物　多环芳烃的测定　高效液相色谱法	土壤质量环境保护行业标准
HJ 804	土壤　8种有效态元素的测定　二乙烯三胺五乙酸浸提-电感耦合等离子体发射光谱法	土壤质量环境保护行业标准
HJ 805	土壤和沉积物　多环芳烃的测定　气相色谱-质谱法	土壤质量环境保护行业标准
HJ 834	土壤和沉积物　半挥发性有机物的测定　气相色谱-质谱法	土壤质量环境保护行业标准
HJ 835	土壤和沉积物　有机氯农药的测定　气相色谱-质谱法	土壤质量环境保护行业标准
HJ 921	土壤和沉积物　有机氯农药的测定　气相色谱法	土壤质量环境保护行业标准
HJ 923	土壤和沉积物　总汞的测定　催化热解-冷原子吸收分光光度法	土壤质量环境保护行业标准
HJ 962	土壤　pH值的测定　电位法	土壤质量环境保护行业标准
HJ 1315	土壤和沉积物　19种金属元素总量的测定　电感耦合等离子体质谱	土壤质量环境保护行业标准
NY/T 890	土壤有效态锌、锰、铁、铜含量的测定　二乙三胺五乙酸(DTPA)浸提法	土壤质量农业行业标准
NY/T 1121.3	土壤检测　第3部分:土壤机械组成的测定	土壤质量农业行业标准
NY/T 1121.5	土壤检测　第5部分:石灰性土壤阳离子交换量的测定	土壤质量农业行业标准
NY/T 1121.6	土壤检测　第6部分:土壤有机质的测定	土壤质量农业行业标准

3. 污染物限量标准

污染物限量标准共涉及4项，涉及土壤、水和农产品污染质量技术标准，均为国家标准，包括2项食品质量限量标准和2项环境质量限量标准。引用各类污染物限量标准汇总详见表11。

表11 引用各类污染物限量标准汇总

标准号	标准名称	标准类型
GB 2762	食品安全国家标准 食品中污染物限量	食品质量限量标准
GB 2763	食品安全国家标准 食品中农药最大残留限量	食品质量限量标准
GB 15618	土壤环境质量 农用地土壤污染风险管控标准(试行)	环境质量限量标准
GB 5804	农田灌溉水质标准	环境质量限量标准

三、术语和定义

3 术语和定义

GB 15618、NY/T 395界定的以及下列术语和定义适用于本文件。

3.1 土壤污染状况调查 investigation of soil contamination

采用系统的、规范的调查方法，确定某区域内土壤是否被污染及污染程度和具体范围的过程。

【释义】

现行的GB 15618《土壤环境质量 农用地土壤污染风险管控标准(试行)》作为国家强制标准规定了土壤、农用地、农用地土壤污染风险、农用地土壤污染风险筛选值和农用地土壤污染风险筛选值的定义，在本文件中同样适用。

现行的NY/T 395《农田土壤环境质量监测技术规范》作为重要的农业行业标准规定了农田土壤、区域土壤背景点、农田土壤监测点、农田土壤混合样等定义，在本文件中同样适用。

土壤污染状况调查是指在可能存在土壤污染风险的情况下，对某一特定区域的地块的土壤污染实际情况进行详细的调查，以确定其污染物的种类和数量，以及是否需要开展风险评估及后续风险管控或者修复等活动。土壤污染状况调查与土壤污染状况普查和土壤污染状况详查有所不同，土壤污染状况普查是在全国范围大的空间尺度上按照网格设置点位开展的调查；土壤污染状况详查是针对需关注的重点区域进行进一步的详细调查；土壤污染状况调查是在可能存在土壤污染风险的情况下，对某一特定区域的耕地的土壤污染实际情况进行详细的调查，以确定其污染物的种类和数量，以及是否需要开展风险评估及后续风险管控或者修复活动。土壤污染状况调查是一项更加细致的过程性的具体工作，其过程中的每个步骤都会直接影响调查的结果，因此，本标准对土壤污染状况调查进行了明确定义。《耕地土壤污染状况调查技术规范》中将土壤污染状况调查(investigation of soil contamination)定义为：采用系统的、规范的调查方法，确定某区域内土壤是否被污染及污染程度和具体范围的过程。

四、基本原则

4　基本原则

4.1　针对性原则

重点关注历史调查监测发现存在耕地土壤污染风险或突发事故可能造成耕地土壤污染的区域和污染因子，科学确定调查范围与精度，差异化布点监测，以确定土壤污染程度、污染范围及对农产品质量安全的影响等。

4.2　规范性原则

采用程序化、标准化和系统化的方式规范耕地土壤污染状况调查过程，保证调查工作客观科学。

4.3　代表性原则

综合考虑耕地的类型、地形地貌、污染源类型、受污染规律和特点等进行布点。

4.4　可行性原则

结合工作基础和技术水平，综合考虑调查方法，保证调查技术方法切实可行。

【释义】

土壤污染状况调查是开展土壤污染风险管控和修复的重要基础内容，是进行土壤分类管理的重要技术支撑，其从针对性、规范性、代表性以及实施的可行性全方面考虑，提出了四项原则：一是针对性原则，重点关注历史调查监测发现存在耕地土壤污染风险或突发事故可能造成耕地土壤污染的区域和污染因子，科学确定调查范围与精度，差异化布点监测，以确定土壤污染程度、污染范围及对农产品质量安全的影响；二是规范性原则，采用程序化、标准化和系统化的方式规范耕地土壤污染状况调查过程，保证调查工作客观科学；三是代表性原则，综合考虑耕地的类型、地形地貌、污染源类型、受污染规律和特点等进行布点；四是可行性原则，结合工作基础和技术水平，综合考虑调查方法，保证调查的技术与方法切实可行。

五、工作程序

5 工作程序

调查工作主要包括信息采集、调查监测和报告编制三部分。信息采集以资料收集、现场调研和人员访谈为主；调查监测包括确定监测范围、划定监测单元、布设监测点位、确定监测项目、样品采集、样品分析、结果判定等步骤；汇总调查结果，编制耕地土壤污染状况调查报告。

【释义】

为了保障耕地土壤污染状况调查过程的针对性、规范性、代表性和可行性，参考实际工作经验，按照工作方式的不同将具体的调查技术程序总结划分为3个阶段，分别为信息采集、调查监测和报告编制，明确了信息采集和调查监测的执行程度，并在后续给出了具体的执行标准。当通过土壤检测及结果分析能够明确土壤污染特征、污染程度、污染范围及对农产品质量安全、地下水等的影响时，即可汇总结果并进行报告编制，为风险评估、风险管控或者治理与修复等提供支撑。信息采集以资料收集、现场调研和人员访谈为主；调查监测的步骤包括确定监测范围、划定监测单元、布设监测点位、确定监测项目、样品采集、样品分析、结果判定等；汇总调查结果后，应编制耕地土壤污染状况调查报告。

六、信息采集

6 信息采集

【释义】

由于土壤是开放的自然系统，造成土壤污染的物质来源极为广泛，资料收集与整理是了解历史，解码现在的重要一环，有利于科学、优化布设监测点和后续监测，是开展土壤污染调查最基础的工作。明确了信息采集的内容包括资料收集、现场调研、信息整理与分析3个部分。

6.1 资料收集

【释义】

本标准中资料收集综合考虑自然和人为因素的影响，设定了自然资料、社会资料、农业生产、土壤环境质量资料和污染源信息收集共5个方面。

6.1.1 自然资料

主要包括地形地貌、成土母质、土壤类型、土壤环境背景值等土壤信息资料;温度、降水量和蒸发量等气象资料;地表水和地下水、地质条件、水土流失等水文资料;相应的图件(如交通图、土壤图、地质图、大比例尺地形图等资料,供制作采样图和标注采样点位用),遥感与土壤利用及其演变过程等方面的资料。

【释义】

对自然资料的收集不仅考虑到自然土壤信息资料、气象资料和水文资料这些传统的资料,还考虑到充分利用那些依靠现代科技信息手段可获得的遥感与土壤利用及其演变过程等资料,传统与现代的自然资料相互补充,以了解其成土背景和污染物的迁移转化自然条件。

6.1.2 社会资料

主要包括工农业生产布局、人口分布、农村劳动力状况、农田水利和农村能源结构情况及相应图件(如行政区划图等)。

【释义】

通过调查社会工农业生产布局资料、人口分布和农村劳动力状况,以及农田水利、能源结构等社会发展资料,考察工农业生产和农村农民生活对土壤的影响,其中行政区划图是重要的基本图件之一。

6.1.3 农业生产

主要包括农业生产土地利用状况、农作物种类、布局、面积、产量、种植制度、耕作习惯等情况。

【释义】

不同的农业生产方式和投入品的使用都可能会带来一些内源性污染,包括农作物种类及布局、主要农产品产量、种植制度、农用化学品使用、农业生产管理措施等。因此,着重调查土地利用状况、农作物布局、主要农作物种类、播种面积、产量、耕作习惯、种植制度,为分析种植业污染源排查提供基础依据。

6.1.4 土壤环境质量资料

调查区域涉及的耕地土壤监测数据资料,以及土壤污染成因分析和风险评估报告等文献资料。

【释义】

搜集到的调查区域涉及的耕地土壤监测数据资料以及土壤污染成因分析和风险评估报告等文献资料，可以为开展调查工作提供详实的辅助数据，甚至是方向性数据。在上文中已经提到的全国层面和各省市已经开展了大量的普查、详查、监测等工作。近几十年来的相关工作，包括但不限于1999—2014年全国土地地球化学调查、2003—2012年全国土壤污染状况调查等调查工作；2009—2010年全国农产品产地安全状况普查、2012—2015年全国农产品产地土壤重金属污染普查、2008年第一次全国农业污染源普查、2018年第二次全国农业污染源普查等大规模普查工作；2003至今基本农田土壤环境质量长期定位监测、2013年至今国家级面源污染长期定位监测和国家级地膜残留监测、2017年至今农产品产地土壤-农产品质量协同监测和国家级农产品产地土壤环境例行监测、2006—2008年北京市农业生态环境质量监测与评价、2019年至今受污染耕地土壤-农产品质量协同监测等工作；还可以通过各种途径查询相关文献，以及农产品质量安全数据、土壤污染成因分析和风险评估报告等文献资料。另外，第一次污灌调查、十三省（市）和九个农业经济自然区主要农业土壤及粮食作物背景值调查、淮河流域污染状况调查、第二次污灌调查、长江三峡库区生态环境状况调查、"四市百县"无公害农产品生产基地调查、五大城市菜田土壤和三个重要工矿企业污染区周边农田土壤环境质量调查、黄淮海地区专用小麦种植区和东北地区高油大豆种植区土壤环境质量调查、水稻和玉米优势农产品产地土壤环境质量调查、四省88个区县重点污染区水稻产地专项调查、三省（自治区）重点污染区水稻产地专项调查等更早期的土壤环境质量资料对科学开展调查更为珍贵。

6.1.5 污染源信息

6.1.5.1 调查区域内土壤污染重点行业企业等工矿企业污染源种类与分布、污染物种类及排放途径和排放量等。

6.1.5.2 固体废物堆存、处理处置场所分布及其对周边土壤环境质量的影响，种养殖废弃物处理处置情况及对土壤环境质量的影响等。

6.1.5.3 农药、肥料、农膜等农业投入品的使用情况，农田灌溉水质量，污水灌溉及污泥使用情况。

6.1.5.4 造成土壤污染事故发生时间、地点、类型、规模、影响范围，主要污染物的毒性、影响的持续时间以及如何消除等资料。

【释义】

废弃物堆排放场所、处理处置方式以及种养殖废弃物处理处置、排放等可能造成土壤污染的信息，农业生产过程中各类投入品的使用种类、使用量、使用方式以及农田灌溉水的质量状况信息都要进行收集；对于特定土壤污染事故所需要收集的信息包括但不限于污染事故发生时间、地点、类型、规模、影响范围、具体污染物、处理处置情况，还要调查污染地块是否种植农产品，农产品的具体名称以及农产品中污染物的浓度和受污染农产品的处理处置情况等信息。

6.2 现场调研

【释义】

在进行前期资料收集的基础上开展现场调研，有针对性地开展实地调研的目的是作为资料收集的补充和验证，调研内容综合考虑了外源污染和内源污染两方面。外源污染核查区域污染源的历史、入径、影响范围等；内源污染指农业生产历史及投入品的使用等，了解是否种植易于富集污染物的敏感作物、不同作物的施肥量以及肥料来源和厂家、重大病虫害是否使用了存在污染风险的农药、各种地膜的使用和残留等具体情况。

这部分明确了调研的方法、内容以及人员访谈的具体技术要求。

6.2.1 调研方法

基于收集的信息，通过拍照、录像、人员访谈、制作现场调查表等方法记录现场调研情况。

【释义】

通过拍照、录像、人员访谈和现场记录等方法开展踏勘，确保调查的真实性和有效性；制作现场调查表也确保现场调研过程的数据信息能够较为完整准确，便于开展后续的工作。

6.2.2 调研内容

【释义】

现场调研内容主要包括4个部分：一是补充完善自然、社会和农业生产状况资料信息；二是确定进行污染调查的具体区域；三是观察记录区域土壤污染源情况；四是调查农业生产内源污染情况。

6.2.2.1 现场调研调查区域的位置、范围、道路交通状况、居民村落、地形地貌、自然环境与农业生产情况等，对收集资料中存疑和不完善处进行核实补充。

【释义】

对收集资料中自然状况和社会状况相关资料的存疑和不完善处进行现场核实补充。

6.2.2.2 现场调研调查区域内土壤或农产品的超标点位、曾发生泄露污染事故的区域、其他存在明显污染痕迹或农作物生长异常的区域等。

【释义】

明确需要进行土壤污染调查的具体区域，主要有3种情形：一是土壤环境质量超标点位和农产品超标点位；二是发生历史污染事故的区域；三是农作物生长异常或有明显污染痕迹的区域，都要进行调查，不能遗漏。

6.2.2.3 现场调研、观察和记录区域土壤污染源情况，调研的内容主要包括：

a)区域及周边的污染源排放、污染物的类型和种类，排放方式和排放量，以及污染物进入耕地的路径；

b)大气污染源与区域边界的距离，交通主干线及车流量状况，是否存在大气污染；

c)调查区域主要农田灌溉用水受污染源影响情况，产区是否有污水灌溉或污灌历史等；

d)固体废物堆存情况、种养殖废弃物处理处置情况等。

【释义】

确定了外源污染调查的主要内容。土壤中污染物的来源有2类，一类是自然污染源，主要包括自然矿床风化、火山灰、地震等；另一类是人为污染源，主要包括固体废弃物(城市垃圾、工业废渣、污泥、尾矿等)、施肥、农药喷施、污水灌溉、大气沉降等。《全国土壤污染状况调查公报》显示，全国土壤环境状况总体不容乐观，部分地区土壤污染较重，耕地土壤环境质量堪忧，工矿业废弃地土壤环境问题突出。工矿业、农业等人为活动以及土壤环境背景值高是造成土壤污染或超标的主要原因。我国土壤重金属污染主要来自污水灌溉、工业废渣、城市垃圾、工业废弃物堆放及大气沉降，且污水中占较大比例的工业废水是土壤重金属污染物的主要来源。

6.2.2.4 调查区域的内源污染情况一般包括：

a)肥料的种类和配方施肥情况、化肥的品种、有机肥的品种、施肥水平、施用方法、施用时期等进行详细调研，有否使用污泥肥、垃圾肥、矿渣肥、稀土肥等情况；

b)病虫害的主要防治手段，病虫草害发生情况，是否出现过重大病虫害，农药的品种、数量及使用情况等；

c)地膜的使用量、种类和回收情况。

【释义】

除了大气沉降、工业废弃物以及固体废弃物堆肥等工业活动会造成土壤重金属污染外，农业生产活动，如畜禽粪便农用、肥料施用、农药施用、地膜使用等也会造成一定程度的重金属累积。

有研究资料表明，工厂化养殖畜禽中饲料添加剂常常导致畜禽粪污中含有较高的重金属铜、砷等元素以及抗生素等新污染物。如果将这些粪污作为有机肥或者有机肥原料施用，不仅可以引起土壤重金属的累积，还可能带来各种抗生素污染，甚至是重金属与抗生素的复合污染；部分农药的施用不仅可能会带来土壤农药残留的污染风险，还因其中含有重金属汞、铜、砷、锌等元素，长期施用可能导致土壤中重金属的累积；地膜作为一种重要的农业生产资料，在其生产过程中加入了含有镉和铅的热稳定剂以及各种增塑剂，因此在长期使用过程中其在土壤中的残留也可能引起土壤重金属的累积，同时塑化剂这些难以降解的新污染物也在土壤中不断地累积。

在长期施用化肥的情况下，由化肥带入的重金属如何影响土壤环境质量是人们关注的问题。有研究表明在长期施用肥料的情况下，除镉以外，土壤中的重金属含量并不会发生显著的变化。以红壤稻田（始于 1981 年）和红壤旱地（始于 1991 年）长期定位施肥试验的土壤数据分析发现，长期施用化肥和稻草还田未见明显的重金属积累。分析测定黑土、潮土和红壤在 20 多年来不同施肥措施下土壤和作物中重金属的含量，结果发现长期单施化肥对黑土、潮土、红壤中锌、镉含量没有显著影响。这些研究结果表明，长期施用重金属含量高的化肥可能会造成镉超标。因此在资料收集时有机肥料和化肥的具体施用情况都要进行收集。

Luo 等以整个国家为研究范围，统计了各个不同来源向我国农田土壤带入重金属的状况，以及由作物带出的情况。土壤中重金属的来源主要为大气沉降、畜禽粪便、肥料与农药、污灌、污泥等，对于砷、铬、汞、镍和铅的总输入量，大气沉降贡献率占 43％～85％，对于镉、铜和锌，畜禽粪便贡献率分别约为 55％、69％、51％。由于来源的时空差异性，在个别过度施用污泥、肥料的地区，其也可以成为主要来源。我国农业土壤微量元素年输入量见表 12。

表12 我国农业土壤微量元素年输入量 t

来源	砷	镉	铬	铜	汞	镍	铅	锌
大气沉降	3 451	493	7 392	13 145	7 092	7 092	24 658	78 973
畜禽粪便	1 412	778	6 113	49 229	23	2 643	2 594	95 668
总化肥	835	113	3 429	2 741	87	504	1 565	7 874
氮钾肥	ND	0.61	ND	62	7.8	ND	0.67	389
磷肥	299	24	1 626	843	17	215	727	2 518
复合肥	536	89	1 803	1 836	62	289	838	4 967
农药	0	＜1	＜1	5 000	0	0	0	125
灌溉水	219	30	51	1 486	1.3	237	183	4 432
污泥	7.4	1.4	85	224	1.3	36	60	669
总输入	5 925	1 417	17 071	71 824	286	10 512	29 061	187 741
总输出	192	178	1 038	12 158	18.2	2 432	208	60 792
净输入	5 733	1 239	16 033	59 666	268	8 080	28 853	126 949
增长量	0.02	0.004	0.057	0.21	0.001	0.029	0.1	0.45
安全年限/年	920	50	2 433	364	455	802	525	389

注：ND表示数值低于检测限。

因此，在进行调查时要全面考虑各污染来源内容，工矿大气沉降、历年来肥料、农药、地膜等农用化学品的使用情况以及灌溉用水来源、使用情况、灌溉方式等资料尤为必要，其可以为分析种植业污染源提供依据。

6.2.3 人员访谈

【释义】

为避免现场调查不全面，防止遗漏信息，需要开展人员访谈，了解耕地的土地利用方式变化、历史工矿企业、农业生产、污染事故等情况，确保不遗漏重要的污染相关信息，以保证监测布点结果认定的准确性、科学性和全面性。

人员访谈是在资料收集和现场调查的基础上开展的，其访谈内容包括以下几个方面：一是针对资料收集和现场调查过程中涉及的问题进行进一步考证和信息补正；二是聚焦耕地及周边区域可能存在的污染风险进行访谈，主要了解历史污染情况和可能存在的潜在污染；三是若存在污染事故，要记录污染事故的详细信息。

6.2.3.1 受访者应包括但不限于：

a)当地生态环境、农业农村、自然资源等行政主管部门的政府工作人员；

b)调查区域耕地的承包经营人；

c)区域内存在污染的工矿企业生产经营人员；

d)污染事故责任单位有关人员，参与处置工作的知情人员；

e)熟悉污染源及调查区域的人员。

【释义】

对当地生态环境、农业农村、自然资源等行政主管部门的工作人员进行访谈，主要了解地块的历史变迁、工矿企业、种植情况、环境污染等相关情况；对区域耕地的承包经营人员进行访谈，主要了解耕地的使用、种植情况等；对污染事故责任单位有关人员以及参与处置工作的知情人员进行访谈，主要了解污染事故发生的时间、地点、类型、规模等第一手信息；对其他熟悉地块情况的人员进行访谈，主要了解补充耕地的历史情况及可能存在的污染风险。

6.2.3.2 访谈方式可采取当面交流、电话交流、电子或书面调查等方式进行，并通过拍照、录像、录音等方法进行记录。

【释义】

访谈方式包括但不限于当面交流、电话交流、电子或书面调查；记录的方式包括但不限于拍照、录像、录音。

6.2.3.3 访谈的内容应包括资料收集和现场调研所涉及的疑问，以及信息补充和已有资料的考证等。

【释义】

针对资料收集和现场调查过程中涉及的问题进行进一步考证和信息补正。

6.2.3.4 针对污染事故的访谈还应包括污染事故发生的时间、地点、类型、规模、事件经过、影响范围和采取的应急措施等。

【释义】

若存在污染事故，要记录污染事故的详细信息。

6.3 信息整理与分析

对已有资料、现场调研的内容进行系统整理，在此基础上对现有资料进行汇总，初步分析耕地土壤污染的成因和来源。

【释义】

整合已收集到的自然、社会、农业生产、土壤环境质量资料和污染源信息资料，以及通过现场调研和人员访谈获得的信息，特别是历史环境资料，了解农产品产地及其周围环境存在的污染源（如工矿企业、乡镇企业、畜禽养殖业等）；工业“三废”

排放特征污染物、排放量、排放方式以及处理处置方式;农业固体废弃物种类、来源、数量、主要农用方式;病虫害施药品种、农药有效成分、施药量;各类肥料施用种类、用量以及来源;地膜种类、收集情况以及残留量等,初步分析可能的污染源、污染区域、可疑污染因子、污染途径、耕地种植作物、各类肥料、农药和地膜等投入品的来源类型及施用情况,以及可能带来的地下水、农产品污染情况,也可以认为这部分是一个初步调查,初步确定监测范围、监测对象、监测项目等重要信息,为开展田间布点监测提供范围和监测方向。

七、监测范围

7 监测范围

根据现场调研成因来源分析确定监测范围,监测范围包括以下几种情况:

——土壤或农产品超标点位区域土壤污染状况调查范围应根据污染的可能成因和来源,综合考虑污染源影响范围、污染途径、污染物特点、耕地分布等情况。

——污染事故耕地土壤污染状况调查,应考虑事故类型、影响范围、污染物种类、污染途径等因素,结合现场检测结果。

——耕地安全利用、严格管控等任务区域土壤污染状况调查范围为任务范围,并可根据调查需要进行适当调整。

【释义】

本标准中土壤污染状况调查主要涉及以下情形:一是根据《中华人民共和国土壤污染防治法》第五十二条、《北京市土壤污染防治条例》第三十一条规定,对土壤污染状况普查、详查和监测、现场检查表明有土壤污染风险的农用地地块;二是突发事件可能造成耕地土壤污染状况的。因此,根据信息整理与分析的初步结果,结合实际工作情形,综合考虑土壤或农产品超标点位区域、污染事故耕地以及耕地安全利用、严格管控三类任务所需调查的地块和污染特点,确定了三种情况:一是土壤或农产品超标点位区域的土壤污染状况调查范围应根据污染的可能成因和来源,综合考虑污染源影响范围、污染途径、污染物特点、耕地分布等情况;二是污染事故耕地土壤污染状况调查,应考虑事故类型、影响范围、污染物种类、污染途径等因素,并结合现场检测结果;三是耕地安全利用、严格管控等任务区域土壤污染状况调查范围为任务范围,并可根据调查需要进行适当调整。

八、监测单元

> 8 监测单元

【释义】

该部分内容明确了划分不同污染类型土壤监测单元的原则和方法。

> 8.1 划分原则
>
> 8.1.1 在确定的监测范围内按受污染的途径划分不同的监测单元。污染事故土壤,可直接开展点位布设,不再设置监测单元。
>
> 8.1.2 监测单元按土壤接纳污染物的途径划分为基本单元,综合考虑土壤类型、农作物种类、耕作制度、污染类型和特征、地形地貌和行政区划等因素进行划定,同一单元的差别应尽可能缩小。

【释义】

常见污染类型的监测单元的划分方式与既有标准《农田土壤环境质量监测技术规范》(NY/T 395)保持一致,土壤监测单元按土壤接纳污染物的途径划分为基本单元,综合考虑土壤类型、农作物种类、耕作制度、商品生产基地、保护区类别、行政区划等要素进行划定,同一单元的划分尽可能保持一致。

> 8.2 单元划分
>
> 8.2.1 由灌溉水、固体废弃物、化学物质污染和综合污染型的土壤监测单元划分按照 NY/T 395 执行。
>
> 8.2.2 以上未包含的污染类型及污染成因不明型,根据具体污染情况、耕地分布、种植结构等因素划分监测单元。

【释义】

根据污染来源不同进行土壤调查监测的单元划分,与既有标准《农田土壤环境质量监测技术规范》(NY/T 395)保持一致,其中,灌溉水污染型土壤监测单元:土壤中的污染物主要来源于农田灌溉水;固体废弃物污染型土壤监测单元:土壤中的污染物主要来源于集中堆放的固体废弃物和农业固体废弃物;化学物质污染型土壤监测单元:土壤中的污染物主要来源于农药、地膜、肥料等农用化学物质污染;综合污染型的土壤监测单元:土壤中的污染物主要来源于上述 2 种或 2 种以上途径。

针对污染事故土壤,可直接开展点位布设,不再设置监测单元。其他类型(如放射性污染)或成因不明的,根据污染情况、耕地分布和种植结构等因素划定范围。

九、监测点位

9 监测点位

【释义】

针对初步调查污染的不同,可采用一般布设方法、污染事故监测布点法以及农田灌溉水监测布点法。

9.1 一般布设方法

9.1.1 一般要求每个监测单元不少于3个监测点位。

9.1.2 土壤中污染物含量超过GB 15618中农用地土壤污染风险管制值且食用农产品超过GB 2762等食品安全国家标准要求的点位区域,直接进行结果判定,不再进行点位布设。

9.1.3 土壤中污染物含量超过GB 15618中农用地土壤污染风险管制值或食用农产品超过GB 2762等食品安全国家标准要求的点位区域,应开展土壤环境和农产品质量协同监测,原则上按0.4 hm^2 布设不少于1个监测点位且每个地块不少于1个监测点,应对种植的所有农产品进行同步监测。

9.1.4 土壤中污染物含量超过GB 15618中农用地土壤污染风险筛选值但未超过管制值,且食用农产品满足GB 2762等食品安全国家标准限值要求的点位区域,应在土壤环境监测的基础上针对敏感作物开展协同监测,原则上按1 hm^2 布设不少于1个监测点位且每个地块不少于1个监测点,根据实际情况可酌情调整。

9.1.5 在风险较高、污染物含量空间变异较大、地势起伏较大区域适度增加布设密度。

【释义】

根据第三次全国国土调查结果,北京市最大的耕地图斑面积为581 728 m^2,即58.17 hm^2,结合《农田土壤环境质量监测技术规范》(NY/T 395)4.3.2,综合考虑北京市实际情况和污染调查的面积,为兼顾经济性与代表性,选定监测点位数量不小于3个。

《农田土壤环境质量监测技术规范》(NY/T 395)4.3.2.2对点位代表面积进行了规范,农产品产地污染普查的污染区每个点代表的面积为10～300 hm^2、农产品产地安全质量划分的污染区每个点代表的面积为5～100 hm^2、污染事故调查监测的每个点代表的面积为 1～50 hm^2（目前北京市无禁产区）。因此在超过农用地土壤污染风险管制值或食用农产品超过 GB 2762 等质量安全标准要求的点位区域，已经存在较大风险。以第三次全国土地调查数据为基础，汇总分析了北京市安全利用类以上耕地情况，发现这些地块面积较小且分散在 0.48～243 亩不等，其中中位数为 5.93 亩，即 0.4 hm^2，综合考虑按照最严格的方式设置，0.4 hm^2 至少要布设 1 个点位，且每个地块至少有一个监测点。实际工作中发现当土壤存在污染状况时，种植的敏感作物也存在超标风险。根据《北京市 2024 年耕地分类管理工作计划》规定，受污染耕地种植的食用农产品，原则上按照“产出一季，检测一季”的要求全面开展农产品质量检测。

通过查阅文献资料，马学利对北京市某闭坑金矿周边农产品和同点位根系土样品分析研究表明，土壤重金属含量超标现象严重，5 项金属元素的生物富集系数均达到中等、较强的级别，但农产品目前尚未超过食品安全国家标准。如上文，北京市安全利用类以上耕地的地块面积较小且分散在 0.48 到 243 亩不等，其中 85％的地块面积在 15 亩以下，即面积 1 hm^2 以下的地块占 85％左右。因此在土壤中污染物含量超过农用地土壤污染风险筛选值但未超过管制值，且食用农产品满足 GB 2762 等质量安全标准限值要求的点位区域，依据工作经验、历史数据和文献分析，其风险较小。兼顾理论要求和实际应用的需要，综合考虑现状，按照最严格的方式设置 1 hm^2 至少要布设 1 个点位，且每个地块至少有 1 个监测点，开展土壤和作物的协同采集。

9.2　污染事故监测布点

9.2.1　污染事故耕地土壤污染状况调查应在污染源清理后开展，进行农业环境和农产品协同监测，农产品监测样本应覆盖监测单元内全部种植作物。

9.2.2　污染事故调查监测 1 hm^2～10 hm^2 布设不少于 3 个监测点位且每个地块不少于 1 个监测点，根据实际情况可加密布点。

【释义】

当污染事故发生时，清理污染源后，需要开展土壤和农产品协同监测。通过对农产品中重金属污染特征研究表明：农作物对污染物有一定的富集作用，不同作物对污染物的富集规律不同，作物的不同部位对污染物的富集能力也不同。一般情况下叶菜类富集重金属的能力最强，其次是根茎类，豆类和茄果类相对较弱。因此在污染事故范围内全部种类的作物均需采集并检测可食部分。

依据《农田土壤环境质量监测技术规范》（NY/T 395）4.3.2.2，污染事故调查监测的每个点代表的面积为 1～50 hm^2。考虑到北京市的耕地地块面积小，以第三次全国土地调查数据为基础，汇总分析了北京市耕地面积分布情况，三调图斑数量为 87 673 个；总面积为 1 440 013 亩。最小图斑面积为 0.067 亩；最大图斑面积为 872.6 亩，平均图斑面积为 16.42 亩。其中：①小于 10 亩的图斑数量为 60 807 个，共计 195 897 亩，占全部图斑数量比例为 69.36%，占全部耕地面积比例为 13.6%；②小于 15 亩的图斑数量为 67 228 个，共计 274 641 亩，占全部图斑数量比例为 76.68%，占全部耕地面积比例为 19.07%；③小于 150 亩的图斑数量为 86 314 个，共计 1 120 969 亩，占全部图斑数量比例为 98.45%，占全部耕地面积比例为 77.84%；④大于 150 亩的图斑数量为 1 359 个，共计 319 044 亩，占全部图斑数量比例为 1.55%，占全部耕地面积比例为 22.16%。因此，土壤污染调查设置范围不宜过大，且保证每个地块均被涵盖，因此设置 1～10 hm^2 范围内不少于 3 个监测点位，且每个地块至少有 1 个监测点，可以根据实际情况加密布点。

9.2.3 布点方式按照 HJ 166 执行。

【释义】

具体布点方式按照《土壤环境监测技术规范》6.5 执行。

9.3 农田灌溉水监测布点

农田灌溉水监测点位的布设按照 HJ 164 执行。

【释义】

北京市基本都是以地下水源来进行灌溉，因此农田灌溉水监测点位的布设按照现有的环境行业标准《地下水环境监测技术规范》执行。

十、监测项目

10 监测项目

10.1 土壤环境监测以 GB 15618 中的监测项目为基础，根据历史监测数据、污染源情况、污染物特点，以及农产品质量安全和环境管理需求等选择监测项目，必要时可监测土壤有机质、机械组成、阳离子交换量等土壤理化性质及重金属可提取态指标，但不限于以上项目。

10.2 安全利用类耕地和严格管控类耕地区域和超标点位区域耕地土壤污染状况调查根据已有监测结果，监测项目应包含土壤中污染物含量超过 GB 15618 中农用地土壤污染风险筛选值的因子及食用农产品超过 GB 2762 等食品安全国家标准的因子。

10.3 污染事故耕地土壤污染状况调查，土壤监测项目应包含污染事故的特征污染物，并根据事故类型和污染物特征，结合现场快速测定等检测结果综合选定监测项目。

10.4 农产品和农田灌溉水监测项目根据土壤环境监测项目进行确定。农产品监测项目应按照 GB 2762 和 GB 2763 执行；农田灌溉水监测项目应按照 GB 5084 执行。

【释义】

监测项目是以《土壤环境质量　农用地土壤污染风险管控标准（试行）》(GB 15618)规定的农用地土壤污染风险筛选值和管制值为基础，适用于耕地土壤污染风险筛查和分类。基本项目包含镉、铬、铅、砷、汞、镍、铜、锌 8 项重金属总量，其他项目包含六六六、滴滴涕和苯并[a]芘的含量。同时考虑到不同理化性质的土壤中污染物的迁移转化规律不同，尤其是可提取态的重金属更容易迁移且生物毒性更强，因此必要时可监测土壤有机质、机械组成、阳离子交换量等土壤理化性质及重金属可提取态指标。除此之外还有六六六、滴滴涕、苯并[a]芘的含量以及农药残留、抗生素和微塑料等新污染物，所以规定了但不限于以上项目。其中，新污染物监测项目可按照生态环境部、工业和信息化部、农业农村部、商务部、海关总署、国家市场监督管理总局最新发布的《重点管控新污染物清单》执行。

根据耕地土壤环境监测项目，确定农产品和农田灌溉水的监测项目。农产品监测项目按照 GB 2762 和 GB 2763 执行；农田灌溉水监测项目按照 GB 5084 规定执行。

十一、样品采集、制备和保存

11 样品采集、制备和保存

土壤、农产品和农田灌溉水样品的采样、制备、保存和质量控制分别按照 NY/T 395、NY/T 398 和 HJ 164 执行，填写监测样品采集情况（见附录 A 样本采集信息表）。

【释义】

土壤样品采集、制备和保存按照《农田土壤环境质量监测技术规范》(NY/T 395)执行，农产品样品采集、制备和保存按照《农、畜、水产品污染监测技术规范》(NY/T 398)执行，地下水样品采集、制备和保存按照《地下水环境监测技术规范》(HJ 164)执行，采集时填写样本采集信息表（表 13)，即标准中的附录 A。

表 13 样本采集信息表

编码：____________________

地点：北京市______区__________乡镇__________村________________地块

GPS（小数点形式）：纬度__________°经度______________°海拔：______m

调查地块承包人：					面积__________hm²	
土地利用现状	□旱地　□水浇地　□水田				基本农田：□是　□否	
土类名称		亚类名称			成土母质	
种植类型	□蔬菜　□粮食作物　□经济作物　□其他__________					
主要农作物名称			常年单产/（kg/hm²）			
灌溉水类型	□地表水　□地下水		机井深度________m		年灌水量________t	
灌溉方式	□漫灌　□沟灌　□畦灌　□喷灌　□滴灌　□其他__________					

农药使用情况（每年）

农药名称	有效成分名称	有效含量/%	使用量/（kg/hm²）	折纯量/（kg/hm²）

肥料（有机肥和化肥）使用情况（每年）

化肥（折纯量）			有机肥		
种类名称	施用量/（kg/hm²）	养分含量/%	种类名称	施用量/（kg/hm²）	养分含量/%

施用有机肥年限为______年

地膜使用情况

覆膜年限	年	地膜厚度	mm
地膜铺设量	kg/（hm²·年） [（千克/（亩·年）]	地膜回收量	kg/（hm²·年） [千克/（亩·年）]

样本采集

是否采集土壤	□是　□否	是否采集农产品		□是　□否	
土壤样品编号		农产品样品编号		农产品名称	
采样点位示意图　北↑		采样地块单元的面积		hm²	
		现场采样记录			

填表人：________　审核人：________　联系电话：______________　采样日期：____年____月____日

其中，土壤样品采集后进行运输、制备和保存尤其要注意的事项如下。

1. 运输

现场采集的土壤样品经核对无误后，进行分类装箱，运往实验室加工处理。在运输中严防样品的损失、混淆和玷污，并派专人运送，按时送至实验室，尤其是测定游离挥发酚、铵态氮、硝态氮、低价铁、农药、抗生素、增塑剂等不稳定项目时，需要采集新鲜土样，放入低温保温箱，尽快送交实验室进行检测。

2. 制备

从野外取回的土样，都需经历一个制备过程：风干、磨细、过筛、混匀、装瓶，以备各项测定之用。样品制备的目的是：剔除土壤以外的侵入体（如植物残茬、石粒、砖块等）和新生体（如铁锰结核和石灰结核等），以除去非土样的组成部分；适当磨细，充分混匀，使分析时所称取的少量样品具有较高的代表性，以减少称样误差；使样品可以长期保存，不致因微生物活动而霉坏。

除测定游离挥发酚、铵态氮、硝态氮、低价铁、农药、抗生素、增塑剂等不稳定项目需要新鲜土样外，多数项目需用风干土样。因为风干土样较易混合均匀，重复性、准确性都比较好。

从野外采集的土壤样品运到实验室后，为避免因微生物活动而发霉变质，应立即将全部样品倒在白色搪瓷盘或木盘内进行风干。当达半干状态时把土块压碎，拣去动植物残体如根、茎、叶、虫体等和石块、结核（石灰、铁、锰）等杂物后铺成薄层，经常翻动，在阴凉处使其慢慢风干，切忌在阳光下暴晒或用烘箱烘干。即使因急需而使用烘箱，也只能限于低温鼓风干燥。如果石子过多，应当将拣出的石子称重，记下所占的百分数。风干场所力求干燥通风，并要防止酸蒸气、氨蒸气等易挥发化学物质和灰尘的污染。

在磨样室将风干的样品倒在有机玻璃板上，用木锤敲打，用木滚、木棒、有机玻璃棒再次压碎，拣出杂质，混匀，并用四分法取压碎样，过孔径 2 mm 的尼龙筛。过筛后的样品全部置于无色聚乙烯薄膜，充分搅拌混匀，再采用四分法取其 2 份，一份交样品库存放，另一份作样品细磨用。粗磨样可直接用于土壤 pH、阳离子交换量、元素有效态含量等项目的分析。

需要强调的是在磨细与过筛过程中，通过任何筛孔的样品必须代表整个样品的成分，并且任何样品不得因制备过程而导致污染。如果样品须制备粗、细 2 种规格，切不可把能通过细孔筛者作为细粒样，不能通过细孔筛者作为粗粒样。必须按照预定计划，分别取出预计数量的样品，无损地通过预定的筛孔。凡一次研磨不能通过者，必须多次研磨，不允许任何土粒不通过既定筛孔。为了保证样品不受污染，必须注意制样的工具、容器与存储方法等。磨制样品的工具应取未上过漆的木盘、木棒或木杵。对于坚硬的、必须通过很细筛孔的土粒，应用玛瑙乳钵和玛瑙研钵研磨。

3. 保存

一般样品用磨口塞的广口瓶保存半年至一年，以备必要时核查之用。样品瓶上标签须注明样号、采样地点、土类名称、试验区号、深度、采样日期、筛孔等项目，并且瓶内和瓶外都须附上标签。

环境监测中用以进行质量控制的标准土样或对照土样则需长期妥善保存。储存样品应尽量避免日光、潮湿、高温和酸碱气体等的影响。

玻璃材质容器是常用的优质贮器，聚乙烯塑料容器也属美国环保局推荐容器之一，该类贮器性能良好、价格便宜且不易破损；塑化剂检测项目的样品应避开塑料制品容器。

将风干土样、沉积物或标准土样等贮存于洁净的玻璃或聚乙烯容器，在常温、阴凉、干燥、避阳光、密封(石蜡涂封)条件下保存。新鲜的土壤样品应放入冰箱冷冻保存。

十二、检测方法

12 检测方法

土壤和农产品样品检测方法见附录 B，农田灌溉水监测分析方法应按照 GB 5084 执行，由具有资质的检测机构进行样品检测分析。

【释义】

土壤样品镉、汞、砷、铅、铬、铜、锌、镍、六六六、滴滴涕、苯并[a]芘、pH 的分析方法按照《土壤环境质量 农用地土壤污染风险管控标准(试行)》(GB 15618)执行，其中镉、砷、铅、铬、铜、锌和镍的总量测定可参照《土壤和沉积物 19 种金属元素总量的测定 电感耦合等离子体质谱法》(HJ 1315)执行，该方法已经在 2017 年开展的全国土壤污染状况详查中进行全国性的样品检测，获得的数据已应用于土壤环境质量类别划分和土壤分类管理工作；机械组成、阳离子交换量、有机质、有效态镉、有效态铅、有效态铜、有效态锌可参照《农田土壤环境质量监测技术规范》(NY/T 395)执行；有效态镍、有效态镉、有效态铅、有效态锌、有效态铜也可参照《土壤 8 种有效态元素的测定 二乙烯三胺五乙酸浸提-电感耦合等离子体发射光谱法》(HJ 804)执行。即附录 B.1，见表 14。

总之，有国家标准和行业标准方法的，按照标准方法执行，由具有资质的检测机构进行样品检测分析；没有国家标准和行业标准方法的，可采用由权威部门规定、推荐的方法或经过可靠性验证的方法，以保证检测结果准确有效。

表 14　土壤样品监测项目分析方法

污染物项目	分析方法	标准编号
镉	土壤质量　铅、镉的测定　石墨炉原子吸收分光光度法	GB/T 17141
	土壤和沉积物　19 种金属元素总量的测定　电感耦合等离子体质谱法	HJ 1315
汞	土壤和沉积物　汞、砷、硒、铋、锑的测定　微波消解/原子荧光法	HJ 680
	土壤质量　总汞、总砷、总铅的测定　原子荧光法第 1 部分：土壤中总汞的测定	GB/T 22105.1
	土壤质量　总汞的测定　冷原子吸收分光光度法	GB/T 17136
	土壤和沉积物　总汞的测定　催化热解-冷原子吸收分光光度法	HJ 923
砷	土壤和沉积物　19 种金属元素总量的测定　电感耦合等离子体质谱法	HJ 1315
	土壤和沉积物　汞、砷、硒、铋、锑的测定　微波消解/原子荧光法	HJ 680
	土壤质量　总汞、总砷、总铅的测定　原子荧光法第 2 部分：土壤中总砷的测定	GB/T 22105.2
铅	土壤质量　铅、镉的测定　石墨炉原子吸收分光光度法	GB/T 17141
	土壤和沉积物　19 种金属元素总量的测定　电感耦合等离子体质谱法	HJ 1315
	土壤和沉积物　无机元素的测定　波长色散 X 射线荧光光谱法	HJ 780
铬	土壤和沉积物　铜、锌、铅、镍、铬的测定　火焰原子吸收分光光度法	HJ 491
	土壤和沉积物　19 种金属元素总量的测定　电感耦合等离子体质谱法	HJ 1315
	土壤和沉积物　无机元素的测定　波长色散 X 射线荧光光谱法	HJ 780
铜	土壤和沉积物　铜、锌、铅、镍、铬的测定　火焰原子吸收分光光度法	HJ 491
	土壤和沉积物　19 种金属元素总量的测定　电感耦合等离子体质谱法	HJ 1315
	土壤和沉积物　无机元素的测定　波长色散 X 射线荧光光谱法	HJ 780

续表14

污染物项目	分析方法	标准编号
镍	土壤和沉积物 铜、锌、铅、镍、铬的测定 火焰原子吸收分光光度法	HJ 491
	土壤和沉积物 19种金属元素总量的测定 电感耦合等离子体质谱法	HJ 1315
	土壤和沉积物 无机元素的测定 波长色散X射线荧光光谱法	HJ 780
锌	土壤和沉积物 铜、锌、铅、镍、铬的测定 火焰原子吸收分光光度法	HJ 491
	土壤和沉积物 19种金属元素总量的测定 电感耦合等离子体质谱法	HJ 1315
	土壤和沉积物 无机元素的测定 波长色散X射线荧光光谱法	HJ 780
六六六和滴滴涕	土壤和沉积物 有机氯农药的测定 气相色谱-质谱法	HJ 835
	土壤和沉积物 有机氯农药的测定 气相色谱法	HJ 921
	土壤中六六六和滴滴涕测定的气相色谱法	GB/T 14550
苯并[a]芘	土壤和沉积物 多环芳烃的测定 气相色谱-质谱法	HJ 805
	土壤和沉积物 多环芳烃的测定 高效液相色谱法	HJ 784
	土壤和沉积物 半挥发性有机物的测定 气相色谱-质谱法	HJ 834
pH	土壤 pH值的测定 电位法	HJ 962
机械组成	土壤机械组成的测定	NY/T 1121.3
阳离子交换量	石灰性土壤阳离子交换量的测定	NY/T 1121.5
有机质	土壤有机质的测定	NY/T 1121.6
有效态镉	土壤 8种有效态元素的测定 二乙烯三胺五乙酸浸提-电感耦合等离子体发射光谱法	HJ 804
	土壤质量 有效态铅和镉的测定 原子吸收法	GB/T 23739
有效态铅	土壤 8种有效态元素的测定 二乙烯三胺五乙酸浸提-电感耦合等离子体发射光谱法	HJ 804
	土壤质量 有效态铅和镉的测定 原子吸收法	GB/T 23739
有效态铜	土壤 8种有效态元素的测定 二乙烯三胺五乙酸浸提-电感耦合等离子体发射光谱法	HJ 804
	土壤有效态锌、锰、铁、铜含量的测定 二乙三胺五乙酸(DTPA)浸提法	NY/T 890

续表14

污染物项目	分析方法	标准编号
有效态镍	土壤 8种有效态元素的测定 二乙烯三胺五乙酸浸提-电感耦合等离子体发射光谱法	HJ 804
有效态锌	土壤 8种有效态元素的测定 二乙烯三胺五乙酸浸提-电感耦合等离子体发射光谱法	HJ 804
	土壤有效态锌、锰、铁、铜含量的测定 二乙三胺五乙酸(DTPA)浸提法	NY/T 890

农产品监测项目分析方法参照食品安全国家标准的系列标准执行，其中六六六和滴滴涕也可参照《食品中有机氯农药多组分残留量的测定》(GB/T 5009.19)执行。土壤和农产品样品检测方法见附录B，农田灌溉水监测分析方法应按照GB 5084执行；应由具有资质的检测机构进行样品检测分析。即附录B.2，见表15。

表15 农产品监测项目分析方法

污染物项目	分析方法	标准编号
镉	食品安全国家标准 食品中镉的测定 石墨炉原子吸收光谱法	GB 5009.15
	食品安全国家标准 食品中多元素的测定 电感耦合等离子体质谱法	GB 5009.268
汞	食品安全国家标准 食品中总汞及有机汞的测定 原子荧光光谱法	GB 5009.17
	食品安全国家标准 食品中总汞及有机汞的测定 冷原子吸收光谱法	GB 5009.17
	食品安全国家标准 食品中多元素的测定 电感耦合等离子体质谱法	GB 5009.268
砷	食品安全国家标准 食品中总砷及无机砷的测定 氢化物发生原子荧光光谱法	GB 5009.11
	食品安全国家标准 食品中多元素的测定 电感耦合等离子体质谱法	GB 5009.268
铅	食品安全国家标准 食品中铅的测定 石墨炉原子吸收光谱法	GB 5009.12
	食品安全国家标准 食品中多元素的测定 电感耦合等离子体质谱法	GB 5009.268

续表15

污染物项目	分析方法	标准编号
铬	食品安全国家标准 食品中铬的测定 石墨炉原子吸收光谱法	GB 5009.123
	食品安全国家标准 食品中多元素的测定 电感耦合等离子体质谱法	GB 5009.268
铜	食品安全国家标准 食品中铜的测定 石墨炉原子吸收光谱法	GB 5009.13
	食品安全国家标准 食品中铜的测定 火焰原子吸收光谱法	GB 5009.13
	食品安全国家标准 食品中多元素的测定 电感耦合等离子体质谱法	GB 5009.268
镍	食品安全国家标准 食品中镍的测定 石墨炉原子吸收光谱法	GB 5009.138
	食品安全国家标准 食品中多元素的测定 电感耦合等离子体质谱法	GB 5009.268
锌	食品安全国家标准 食品中锌的测定 火焰原子吸收光谱法	GB 5009.14
	食品安全国家标准 食品中多元素的测定 电感耦合等离子体质谱法	GB 5009.268
六六六和滴滴涕	食品中有机氯农药多组分残留量的测定	GB/T 5009.19
	食品安全国家标准 植物源性食品中208种农药及其代谢物残留量的测定 气相色谱-质谱联用法	GB 23200.113
苯并[a]芘	食品安全国家标准 食品中苯并[a]芘的测定	GB 5009.27

十三、结果判定

13 结果判定

【释义】

结果判定包括一般要求、土壤环境质量判定和辅助安全性判定三方面内容。

13.1 一般要求

13.1.1 检测结果宜保留3位有效数字，但不超过分析方法检出限的有效数字位数。

13.1.2 耕地土壤和食用农产品超标判定通过统计分析，给出样本数量、最大值、最小值、均值、标准差、超标率等。

【释义】

本条款规范了检测结果的数值表达，有利于数据的分析；规定了耕地土壤环境质量和食用农产品的判定统计分析基本项目。常用的数据统计分析方法包括以下几项。

(1)算术平均值是统计学中最基本、最常用的一种平均指标。其计算公式(1)如下：

$$\overline{X}=\frac{X_1+X_2+X_3+\cdots+X_n}{n} \tag{1}$$

(2)几何平均数则多用于计算比率、指数或者动态平均数，特别是样本数据符合对数正态分布的数据集，是指 n 个观察值连乘积的 n 次方根。其计算公式(2)如下：

$$\overline{X}_g=\sqrt[n]{X_1\times X_2\times X_3\times\cdots\times X_n} \tag{2}$$

(3)方差和标准差(又称为标准偏差)是测算离散程度最重要、最常用的指标。方差是衡量源数据和期望值相差的度量值，即各变量值与其均值离差平方的平均数，标准差为方差的算术平方根。其计算公式(3)(4)和(5)如下：

方差
$$S^2=\frac{\sum_{i=1}^{n}(X_i-\overline{X})^2}{n} \tag{3}$$

标准偏差
$$S=\sqrt[2]{S^2} \tag{4}$$

相对标准偏差
$$\mathrm{RSD}=\frac{S}{\overline{X}}\times 100\% \tag{5}$$

(4)用样品超标率表达监测的总体情况，既可以表示土壤和农产品的样本总体超标情况，也可以表达某一元素在全部样本中的超标情况，以及可以表达某个地块或区域样本超标情况。

样品超标率按公式(6)计算。

$$P=\frac{N_0}{N_T}\times 100\% \tag{6}$$

式中 P——样品超标率；

N_0——检测超标总数；

N_T——检测样品总数。

另外，分位值是最为常见的数据分布描述方式。分位值的定义是将随机变量分布曲线与 X 轴包围的面积作 n 等分，得 $n-1$ 个值，这些值称为 n 分位值。本次数据分析用5分位值、10分位值、25分位值、50分位值(即中位值)、75分位值、90分位值、95分位值。

13.2 土壤环境质量判定

【释义】

土壤环境质量的判定分为单因子评价和多因子评价两方面内容。

13.2.1 单因子评价依据 GB 15618 中的污染物 i 的风险筛选值 S_i 及风险管制值 G_i，基于污染物 i 的实测值 C_i 来评价耕地土壤污染的风险，并将其土壤环境质量类别分为三类：

a) Ⅰ类，$C_i \leqslant S_i$，土壤污染风险低，可忽略，应划分为优先保护类；

b) Ⅱ类，$S_i < C_i \leqslant G_i$，可能存在土壤污染风险，但风险可控，应划分为安全利用类；

c) Ⅲ类，$C_i > G_i$，土壤存在较高污染风险，应划分为严格管控类。

13.2.2 多因子综合判定按类别最差的因子确定该点位综合评价结果。

【释义】

采用了现行的《土壤环境质量 农用地土壤污染风险管控标准（试行）》（GB 15618）中关于污染物的分类表达方式。

该标准规定了农用地土壤污染风险筛选值（表 16）和风险管制值（表 17）。

表 16 农用地土壤污染风险筛选值（基本项目） mg/kg

污染物项目		风险筛选值			
		pH≤5.5	5.5<pH≤6.5	6.5<pH≤7.5	pH>7.5
镉		0.3	0.3	0.3	0.6
汞		1.3	1.8	2.4	3.4
砷		40	40	30	25
铅		70	90	120	170
铬		150	150	200	250
铜	果园	150	150	200	200
	其他	50	50	100	100
镍		60	70	100	190
锌		200	200	250	300

表 17　农用地土壤污染风险管制值　mg/kg

污染物项目	风险管制值			
	pH≤5.5	5.5＜pH≤6.5	6.5＜pH≤7.5	pH＞7.5
镉	1.5	2.0	3.0	4.0
汞	2.0	2.5	4.0	6.0
砷	200	150	120	100
铅	400	500	700	1 000
铬	800	850	1 000	1 300

关于农用地土壤污染风险筛选值和风险管制值的使用：

当土壤中污染物含量等于或低于表 16 规定的风险筛选值时，农用地土壤污染风险低，一般情况下可以忽略，应划分为优先保护类。

当土壤中镉、汞、砷、铅、铬的含量高于表 16 规定的风险筛选值，等于或低于表 17 规定的风险管制值时，可能存在土壤污染风险，但风险可控，应划分为安全利用类。

当土壤中镉、汞、砷、铅、铬的含量高于表 17 规定的风险管制值时，应划分为严格管控类。

土壤环境质量类别划分应以本标准为基础，结合食用农产品协同监测结果，依据相关技术规定进行划分。

对土壤中镉、汞、砷、铅、铬的多因子综合判定应按类别最差的因子确定该点位综合评价结果。

13.3　辅助安全性判定

采用单因子指数法进行判定，按公式(1)计算：

$$E_{ij}=\frac{C_{ij}}{L_{ij}} \tag{1}$$

式中：

E_{ij}——农产品 i 中污染物 j 的单因子超标指数，无量纲；

C_{ij}——农产品 i 中污染物 j 的实测值，单位为毫克/千克(mg/kg)；

L_{ij}——农产品 i 中污染物 j 的食品安全国家标准限量值，单位为毫克/千克(mg/kg)。

【释义】

农产品超标指数中，农产品 i 中污染物 j 的食品安全国家标准限量值可采纳我国现行有效的《食品安全国家标准 食品中污染物限量》(GB 2762)和《食品安全国家标准 食品中农药最大残留限量》(GB 2763)中的限量标准,其中一个农产品的一项因子超标即判定为污染。

13.4 协同判定

根据农产品安全性结果协同判定耕地土壤环境质量类别:

a)当土壤环境质量类别为优先保护类且 $E_{ij}\leqslant 1$ 时,判定为优先保护类(Ⅰ$_1$);当土壤环境质量类别为安全利用类且 $E_{ij}\leqslant 1$ 时,判定为协同优先保护类(Ⅰ$_2$)。

b)当土壤环境质量类别为安全利用类且存在 $E_{ij}>1$ 时,判定为安全利用类(Ⅱ$_1$);当土壤环境质量类别为严格管控类且 $E_{ij}\leqslant 1$ 时,判定为安全利用类(Ⅱ$_2$)。

c)当土壤环境质量类别为严格管控类且存在 $E_{ij}>1$ 时,判定为严格管控类(Ⅲ)。

【释义】

为进行土壤污染风险预警和风险管控,为下一步土壤污染修复工作奠定基础,与现行的国家标准、土壤类别划分方法、受污染耕地安全利用和耕地土壤环境分类管理工作相匹配,考虑土壤环境质量判定结果和辅助安全性判定结果,进行协同判定,与目前我国农用地土壤环境质量类别划分的要求基本一致,更科学合理地评估土壤污染的程度,保证农用地分类管理的一致性。

根据农产品安全性判定结果协同判定农用地土壤环境质量类别。协同判定采用了现行国家土壤环境质量分类管理方法《农用地土壤环境风险评价技术规定(试行)》(环办土壤函〔2018〕1479 号)中的规定,并从 2019 年起一直在实际土壤质量分类管理中进行应用。具体评价结果如下:

当土壤环境质量类别为优先保护类且 $E_{ij}\leqslant 1$ 时,判定为优先保护类(Ⅰ$_1$);当土壤环境质量类别为安全利用类且 $E_{ij}\leqslant 1$ 时,判定为协同优先保护类(Ⅰ$_2$)。

当土壤环境质量类别为安全利用类且 $E_{ij}>1$ 时,判定为安全利用类(Ⅱ$_1$);当土壤环境质量类别为严格管控类且 $E_{ij}\leqslant 1$ 时,判定为安全利用类(Ⅱ$_2$)。

当土壤环境质量类别为严格管控类且 $E_{ij}>1$ 时,判定为严格管控类(Ⅲ)。

需要强调的是,当土壤污染状况调查表明污染物含量超过土壤污染风险管控标准的情况下,应当启动土壤污染风险评估。这里的土壤污染风险管控标准,目前对于耕地环境质量指的是《土壤环境质量 农用地土壤污染风险管控标准(试行)》(GB 15618)规定的农用地土壤污染风险筛选值。

十四、报告编制

14　报告编制

14.1　格式内容

耕地土壤污染状况调查报告应包括调查实施情况、所在区域概况、利用现状、历史土壤与农产品污染情况、污染源状况、布点监测、质量控制、耕地污染特征和成因分析、农产品污染特征、农田灌溉水污染状况结果判定、结论与建议等内容。

14.2　附件

附件材料应包括相关调查记录、现场状况及周边环境照片、工作过程照片、样本采集信息登记表、样本流转记录、检测报告、实验室质量控制报告、专家咨询意见等。

【释义】

《中华人民共和国土壤污染防治法》第三十六条规定："实施土壤污染状况调查活动，应当编制土壤污染状况调查报告。土壤污染状况调查报告应当主要包括地块基本信息、污染物含量是否超过土壤污染风险管控标准等内容。污染物含量超过土壤污染风险管控标准的，土壤污染状况调查报告还应当包括污染类型、污染来源以及地下水是否受到污染等内容。"

耕地土壤污染状况调查报告是开展调查的重要技术成果，本规范给出了报告编制的主体内容，包括调查实施情况、所在区域概况、利用现状、历史土壤与农产品污染情况、污染源状况、布点监测、质量控制、耕地污染特征和成因分析、农产品污染特征、农田灌溉水污染状况结果判定、结论与建议等内容。

附件材料应包括相关调查记录、现场状况及周边环境照片、工作过程照片、样本采集信息登记表、样本流转记录、检测报告、实验室质量控制报告、专家咨询意见等。

第四章 《拟新增耕地土壤环境质量调查技术规范》条文释义

一、范围

> 1 范围
>
> 本文件规定了拟新增耕地的土壤环境质量调查的原则、程序、资料收集、现场调查、布点监测、结果认定与报告编制的要求。
>
> 本文件适用于拟新增耕地的土壤环境质量调查。

【释义】

基于《中华人民共和国土壤污染防治法》第五十一条和《北京市土壤污染防治条例》第三十一条规定，确定了本文件适用的范围为未利用地、复垦土地等拟开垦为耕地的土壤环境质量，从文件制定的基本原则、具体的工作程序、调查资料收集、现场调查、布点监测具体内容、调查结果的认定和最终的报告编制共 7 个方面作了相应的技术规定。

二、规范性引用文件

> 2 规范性引用文件
>
> 下列文件中的内容通过文中的规范性引用而构成本文件必不可少的条款。其中，注日期的引用文件，仅该日期对应的版本适用于本文件；不注日期的引用文件，其最新版本（包括所有的修改单）适用于本文件。
>
> GB 15618 土壤环境质量 农用地土壤污染风险管控标准（试行）
>
> HJ/T 166 土壤环境监测技术规范

【释义】

本文件中主要引用了《土壤环境质量 农用地土壤污染风险管控标准（试行）》（GB 15618）和《土壤环境监测技术规范》（HJ/T 166）2 份规范性文件。

依据《北京市土壤污染防治条例》第三十一条规定："未利用地、复垦土地等拟开垦为耕地、果园和其他种植食用农产品农用地的，农业农村、园林绿化部门应当会同生态环境、规划自然资源部门开展土壤污染状况调查。调查结果不超过农用地土壤污染风险管控标准筛选值的，方可纳入开垦计划或者实施复垦。"故引用了《土壤环境质量　农用地土壤污染风险管控标准(试行)》(GB 15618)。

按照《北京市规划和自然资源委员会北京市农业农村局关于明确新增耕地联合验收工作流程和技术规范的通知》(京规自发〔2022〕93 号)要求："用于耕地土壤环境质量指标检测的样品，按《土壤环境监测技术规范》(HJ/T 166)规定的方法操作。"故引用了《土壤环境监测技术规范》(HJ/T 166)。

三、术语和定义

> 3　术语和定义
>
> 下列术语和定义适用于本文件。
>
> 3.1　拟新增耕地 proposed cultivated land
>
> 未利用地、复垦土地等非耕地拟开垦为新增加耕地的土地。

【释义】

从法理角度来讲，新增耕地包含广义和狭义、一大和一小 2 个层面。

(1)广义新增耕地　广义新增耕地是指符合全国国土调查(年度国土变更调查)技术规程中耕地的认定标准，并通过自然资源部核查，在全国国土调查工作中土地利用现状由耕地外其他类型变更为耕地的土地。广义新增耕地是从全国国土调查(年度国土变更调查)的角度出发，目的是掌握翔实准确的全国耕地现状，即实际新增加了多少耕地。广义新增耕地关注的是土地利用现状和相对应的面积，对于耕地的质量不作限定，并且对于新增耕地之前的地类是否违法违规、是否符合生态建设、空间管控和占补平衡等要求也不作限定。

(2)狭义新增耕地　狭义新增耕地是指广义新增耕地之中，满足自然资源部"之前为非耕地，且符合生态建设、空间管控和占补平衡要求"等相关规定，在自然资源部"全国耕地占补平衡动态监管系统"(以下简称"占补平衡系统")报备入库，产出补充耕地指标的新增耕地(该部分新增耕地要求为净耕地)。其中的"之前为非耕地"，目前"占补平衡系统"要求是第二次全国土地调查(2009 年)、第三次全国国土调查(2019 年)和立项年度国土变更调查均不是耕地。狭义新增耕地是从国土空间用途管制、耕地保护的角度出发，是需要满足自然资源部一系列相关要求的新增耕地，是属于广义新增耕地中的一部分。目的在于确保新增耕地与被占用耕地相比，数量不减少、质量不降低，进而保障了现状耕地总体数量不减少、质量不降低。

本标准不从法理角度出发，而是按照《中华人民共和国土壤污染防治法》要求，即只要是原地类为非耕地(包括未利用地、复垦土地等)的，计划开垦为新增加耕地的土地，都被定义为拟新增耕地。

> 3.2 土地复垦 land reclamation
>
> 对生产建设和自然灾害损毁的土地，采取整治措施，使其达到可利用状态的活动。
>
> [来源：TD/T 1031.1—2011，3.1]

【释义】

参照《土地复垦方案编制规程 第1部分：通则》(TD/T 1031.1—2011)3.1土地复垦的定义。

四、原则

> 4 原则
>
> 4.1 针对性原则
>
> 针对拟新增耕地图斑开展土壤环境质量调查，确定土壤环境质量状况。

【释义】

图斑是土壤图上反映制图单元在空间分布的一种基本形式，每一个图斑包含着一定的土壤类型(《地学词典》)。地块一般指具有一定综合结构形态、属于一定构造体系的地质块体。农业中，地块指用田埂分割开的一块一块的田地。土壤环境质量调查的主要目的是了解地块现状，发现潜在污染情况。但在新增耕地验收过程中发现，一个图斑可能分布于一个或多个地块，每个地块历史背景存在较大差异，因此，将图斑作为调查的范围更为完整。

调查内容要集中在与土壤环境质量状况相关的内容，与其无关的或关系不大的内容不在调查范围内。

> 4.2 科学性原则
>
> 综合考虑拟新增耕地所在区域的地形地貌、水文地质、原土地利用情况、污染情况等，进行科学调查。

【释义】

在进行拟新增耕地土壤环境质量调查时，必须综合、全面地考虑拟新增耕地所在区域的地形地貌、水文地质、原土地利用情况、污染情况等，且在调查过程中必须基于充分的科学依据和严谨的分析方法，以保证调查结果的客观性、真实性、准确性和可靠性。

4.3 可操作性原则

结合工作基础和技术水平，综合考虑调查方法，保证调查技术方法切实可行。

【释义】

调查过程中要综合考虑调查方法、时间和经费等因素，结合当前科技发展和专业技术水平，确保调查过程切实可行。

五、工作程序

5 工作程序

拟新增耕地土壤环境质量调查分为资料收集、现场调查、布点监测、结果认定、报告编制五个阶段。

【释义】

按照实际的工作流程将具体的调查程序划分为5个不同阶段，分别为资料收集、现场调查、布点监测、结果认定和报告编制。

六、资料收集

6 资料收集

【释义】

资料收集是调查工作的基础，本着可操作性原则，资料收集既要全面，又要具备针对性和可行性。拟新增耕地土壤环境质量的影响因素较为复杂，既有耕地土壤的自然和社会特性，又受到客土来源、工程施工等较大人为干扰。综合考虑自然、社会和人为因素的影响，设定了自然社会资料、土壤环境质量数据、污染源信息和土地复垦项目资料4个方面。

6.1 自然社会资料

所在区域的地形地貌、环境气候、水文水系、土壤类型等自然环境资料，以及行政区划、城乡规划、人口状况、工业布局、路网交通等社会经济资料。

【释义】

自然社会资料，着重关注地质、气象、水文等自然条件，了解其成土背景和污染物的迁移转化条件；通过调查工业生产资料和居民生活等社会发展资料，考察人类生产生活对土壤的影响。

6.2 土壤环境质量数据

所在区域和客土涉及的土壤污染数据、地球化学调查数据、土壤环境质量类别划分等相关历史数据资料（如有作为农业用地历史的，提供农产品质量数据）。

【释义】

土壤环境质量数据，包括所在区域和客土所涉及的土壤污染状况详查数据、农产品产地土壤重金属污染普查数据、耕地质量地球化学调查数据、土壤环境质量类别划分、农产品质量数据等相关数据资料。土壤环境质量数据的收集，有助于了解区域内和客土涉及土壤环境质量整体情况。

6.3 污染源信息

图斑及所在区域存在的工矿企业、重点污染行业企业、畜禽养殖场、固体废物及生活垃圾堆放等污染源信息资料，以及历史污染事故及处置措施情况等。

【释义】

污染源信息，包括所在区域存在和可能存在的污染来源以及历史污染事故等，以此评估土壤可能存在的污染风险。

6.4 土地复垦项目资料

对于复垦项目，应收集项目批准文件、规划设计报告及规划设计图、土地利用现状图、照片和地上建筑物情况、拟新增耕地图斑的矢量数据信息、土壤环境质量信息（客土土壤来源信息和土壤改良信息等）等相关资料。

【释义】

土地复垦项目资料，旨在了解历史土地利用、工程规划、客土来源、图斑矢量数据等背景情况。

七、现场调查

7　现场调查

【释义】

现场调查是调查工作的核心，是在全面进行资料收集的基础上，有针对性地开展调查。按照调查目标和调查内容，现场调查分为现场踏勘和人员访谈两部分。

7.1　现场踏勘

【释义】

现场踏勘的主要目的是了解地块现状，发现潜在污染情况。

7.1.1　踏勘范围

以拟新增耕地图斑所在地块内为主，也可包括地块周边区域，周边区域范围（与6.3一致）由现场调查人员根据可能污染来源影响的距离判断。

【释义】

新增耕地验收过程中发现，一个图斑可能分布于一个或多个地块，每个地块历史背景存在较大差异，因此，将图斑所在地块及可能对其环境质量产生影响的周边区域作为现场踏勘范围更为准确。

7.1.2　踏勘内容

地理位置、四至范围、土地利用现状，土壤污染源（含潜在污染源）信息（工矿企业、尾矿库、固废填埋等）、污染痕迹和填埋等异常情况。

【释义】

踏勘内容主要包括两部分，一是记录地理位置、四至范围和土地利用现状等基本信息；二是仔细查看是否存在潜在污染源、污染痕迹和填埋等异常情况。

7.1.3　踏勘方法

通过拍照、录像和现场记录等方法开展踏勘。

【释义】

通过拍照、录像和现场记录等方法开展踏勘，确保调查的真实性和有效性；同时，也确保踏勘过程的记录完整，便于后续的核查和复核。

7.2 人员访谈

【释义】

为弥补现场踏勘不全面的问题，需要开展人员访谈，了解历史变迁、农业生产、工矿企业、污染事故等情况，确保不遗漏重要的污染源信息，以保证结果认定的准确性和科学性。

7.2.1 访谈对象

根据土壤使用或污染情况，选择以下人员进行访谈：

a）地块承包人或经营人、土地整治工程负责人员；

b）当地农业农村、生态环保、自然资源等行政主管部门的工作人员；

c）区域内现存及历史上存在过的工矿企业的生产经营人员；

d）污染事故责任单位有关人员，参与处置工作的知情人员；

e）其他熟悉地块情况的人员。

【释义】

对地块承包人或经营人、土地整治工程负责人员进行访谈，主要了解地块的使用情况；对当地农业农村、生态环保、自然资源等行政主管部门的工作人员进行访谈，主要了解地块的历史变迁、工矿企业、种植情况、环境污染等相关情况；对区域内现存及历史上存在过的工矿企业的生产经营人员进行访谈，主要了解工矿企业经营范围、是否存在污染风险等；对污染事故责任单位有关人员，参与处置工作的知情人员进行访谈，主要了解历史污染事故发生的时间、地点、类型、规模等；对其他熟悉地块情况的人员进行访谈，主要了解地块的历史情况及可能存在的污染风险。

7.2.2 访谈内容

包括资料收集和现场调查所涉及的疑问，以及信息补充和已有资料的考证。访谈重点为地块本身和周边区域是否存在历史和潜在污染。若存在污染事故，记录污染事故发生的时间、地点、类型、规模、事件经过、影响范围和采取的应急措施。

【释义】

人员访谈是在资料收集和现场踏勘的基础上开展的，其访谈内容包括 2 个方面，一是针对资料收集和现场调查过程中涉及的问题进行进一步考证和信息补正；二是聚焦地块本身和周边区域可能存在的污染风险进行访谈，主要了解历史污染情况和可能存在的潜在污染，若存在污染事故，则详细记录污染事故的信息。

7.2.3 访谈方法

原则上采取当面或视频交流的方式，访谈人员应现场书面记录访谈内容，并通过拍照、录像、录音等方法对访谈过程进行记录。

【释义】

原则上采取面对面的交流方式，并对访谈内容进行现场书面记录。通过拍照、录像和录音等方式记录访谈过程，确保人员访谈的真实性和有效性，也确保访谈过程的记录完整，便于后续的核查和复核。

八、布点监测

8 布点监测

【释义】

在资料收集、现场踏勘和人员访谈的基础上，开展布点监测，分为常规监测和其他监测两部分。

8.1 常规监测

每个拟新增耕地图斑应开展常规监测。

【释义】

由于拟新增耕地缺乏历史土壤环境质量监测数据，且经过工程施工后，土壤扰动较大、客土来源复杂，因此每个图斑均需开展常规监测。

8.2 其他监测

通过资料收集和现场调查，发现所在区域内存在历史污染事故、新污染物污染、土壤深层污染等其他污染风险的，在常规监测的基础上增加其他监测。

【释义】

通过前期调查，若发现所在区域内存在历史污染事故、新污染物污染、土壤深层污染等其他污染风险的，在常规监测的基础上，开展其他监测。

8.3 监测方法

8.3.1 布点

8.3.1.1 每个图斑均应设置监测点，当单个图斑分布于多个地块时，应对每个地块该图斑设置监测点。

8.3.1.2 当图斑面积小于 0.33 hm^2（含 0.33 hm^2），至少设置 1 个监测点；大于 0.33 hm^2 小于 4 hm^2（含 4 hm^2），至少设置 3 个监测点；大于 4 hm^2，每增加 4 hm^2 至少增加 1 个监测点；布点具体数量可根据图斑面积、土地利用现状、地形、客土来源等因素增加。

【释义】

新增耕地项目实施前地类和历史用途不同，可能造成的环境污染风险存在差异。新增耕地验收过程中发现，一个图斑可能分布于一个或多个地块，一个地块也可能包含多个图斑。按照《北京市规划和自然资源委员会　北京市农业农村局关于明确新增耕地联合验收工作流程和技术规范的通知》（京规自发〔2022〕93 号）要求，新增耕地农业生产符合性评价外业验收单元以项目实施前土地利用现状图斑划分，因此该技术规范以图斑为监测单元开展监测。

按照《北京市规划和自然资源委员会　北京市农业农村局关于明确新增耕地联合验收工作流程和技术规范的通知》（京规自发〔2022〕93 号）要求，每个图斑不少于 1 个验收点，对于小于 60 亩的验收单元至少采集 1 个土壤样品，对于大于 60 亩的验收单元，按比例加密采样。

2023 年 1—8 月，北京市农业农村部门共受理昌平区、大兴区、房山区、朝阳区、通州区、延庆区、密云区、海淀区和丰台区 9 个区共 26 个新增耕地项目验收申请，面积共计 1.02 万亩，图斑 589 个，图斑面积为 0.002～182.19 亩，图斑平均面积为 13.39 亩，图斑面积中位数为 5.024 亩。

按照标准要求，结合工作实际，对于小于 5 亩（含 5 亩）的图斑，至少设置 1 个采样点；大于 5 亩小于 60 亩（含 60 亩）的图斑，至少设置 3 个采样点；大于 60 亩的图斑，每增加 60 亩至少增加 1 个监测点；具体数量根据图斑面积、土地利用现状、地形、客土来源等因素确定；当单个图斑分布于多个地块时，应对每个地块设置采样点。

8.3.2 样品采集

土壤样品的采集、处理、贮存、质量保证和质量控制按照 HJ/T 166 执行。

【释义】

按照《北京市规划和自然资源委员会　北京市农业农村局关于明确新增耕地联合验收工作流程和技术规范的通知》(京规自发〔2022〕93 号)要求:“用于耕地土壤环境质量指标检测的样品,土壤样品的采集、处理和贮存按《土壤环境监测技术规范》(HJ/T 166)规定的方法操作。”

8.3.3　监测项目

8.3.3.1　常规监测

按照 GB 15618 中的基本项目和其他项目执行。

【释义】

依据《北京市土壤污染防治条例》第三十一条规定:“未利用地、复垦土地等拟开垦为耕地、果园和其他种植食用农产品农用地的,农业农村、园林绿化部门应当会同生态环境、规划自然资源部门开展土壤污染状况调查。调查结果不超过农用地土壤污染风险管控标准筛选值的,方可纳入开垦计划或者实施复垦。”《土壤环境质量　农用地土壤污染风险管控标准(试行)》(GB 15618)规定了农用地土壤污染风险筛选值和管制值,以及监测、实施和监督要求,适用于耕地土壤污染风险筛查和分类。基本项目包含镉、铬、铅、砷、汞、镍、铜、锌 8 项重金属总量,其他项目包含六六六、滴滴涕和苯并[a]芘的含量。

8.3.3.2　其他监测

新污染物监测项目宜从最新发布的重点管控新污染物清单中选取;存在污染的或发生污染事故的,监测项目应包含特征污染物,并根据事故类型和污染物特征,结合现场快速测定等检测结果综合选定监测项目;若无法明确监测项目,可组织专家进行专业研判。

【释义】

《重点管控新污染物清单》是生态环境部、工业和信息化部、农业农村部、商务部、海关总署、国家市场监督管理总局根据《中华人民共和国环境保护法》《中共中央　国务院关于深入打好污染防治攻坚战的意见》以及国务院办公厅印发的《新污染物治理行动方案》等相关法律法规和规范性文件制定的清单,具有权威性。因此,新污染物监测项目按照最新发布的《重点管控新污染物清单》执行。

存在污染的或发生污染事故的,监测项目应包含特征污染物,并根据事故类型和污染物特征,结合现场快速测定等检测结果综合选定监测项目;若无法明确监测项目,可组织专家进行专业研判。

8.3.4 检测方法

有国家标准和行业标准方法的，按照标准方法执行，由具有资质的检测机构进行样品检测分析。没有国家标准和行业标准方法的，可采用由权威部门规定、推荐的方法或经过可靠性验证的方法。

【释义】

数据结果作为新增耕地联合验收中农业生产符合性评价中的刚性指标使用，按照《北京市规划和自然资源委员会 北京市农业农村局关于明确新增耕地联合验收工作流程和技术规范的通知》(京规自发〔2022〕93 号)要求，土壤环境质量应参照已有国家标准和行业标准方法，并由有相应资质的检测机构检测。因此，将检测方法限定为：有国家标准和行业标准方法的，按照标准方法执行，由具有资质的检测机构进行样品检测分析；没有国家标准和行业标准方法的，可采用由权威部门规定、推荐的方法或经过可靠性验证的方法，以保证检测结果的准确有效。

九、结果认定

9 结果认定

【释义】

结果认定分为直接认定和专家研判两部分，对于不存在其他污染风险的，可根据常规监测结果进行直接认定；若常规监测数据全部低于 GB 15618 中筛选值，但存在其他污染风险，需开展专家研判。

9.1 直接认定

常规监测数据低于 GB 15618 中筛选值且不存在其他污染风险，认定该图斑的土壤环境质量符合拟新增耕地的要求；监测数据高于 GB 15618 中筛选值，认定该图斑的土壤环境质量不符合拟新增耕地的要求。

【释义】

根据《农用地土壤环境质量类别划分技术指南》(环办土壤〔2019〕53 号)要求：“土壤重金属检测值超过风险筛选值但低于风险管制值，则该地块按照划分技术要求属于安全利用类耕地，有一定污染风险。”如果此类地块划定为耕地，增加了北京市受污染耕地面积，影响北京市受污染耕地安全利用率，有导致《北京市深入打好污染防治攻坚战 2021 年行动计划》(京政办发〔2021〕3 号)和《北京市土壤污染防治工作方案实施情况评估考核办法》(京土壤污防联办〔2018〕3 号)等文件中首要考核任务“受污染耕地安全利用率”下降的风险。

按照《北京市规划和自然资源委员会　北京市农业农村局关于明确新增耕地联合验收工作流程和技术规范的通知》(京规自发〔2022〕93 号)要求,新增耕地项目实施前后的土壤污染物含量需符合《土壤环境质量　农用地土壤污染风险管控标准(试行)》(GB 15618)筛选值要求,污染地块不可作为新增耕地。

《北京市土壤污染防治条例》第三十一条规定:“未利用地、复垦土地等拟开垦为耕地、果园和其他种植食用农产品农用地的,农业农村、园林绿化部门应当会同生态环境、规划自然资源部门开展土壤污染状况调查。调查结果不超过农用地土壤污染风险管控标准筛选值的,方可纳入开垦计划或者实施复垦。”

基于此,监测数据低于 GB 15618 中筛选值且不存在其他污染风险,认定该图斑的土壤环境质量符合拟新增耕地的要求;监测数据高于 GB 15618 中筛选值,认定该图斑的土壤环境质量不符合拟新增耕地的要求。

9.2　专家研判

常规监测数据低于 GB 15618 中筛选值但其他监测存在污染风险的,应组织专家研判。

【释义】

若常规监测数据全部低于 GB 15618 中筛选值,但存在其他污染风险,需针对其污染情况开展专家研判,进行科学评估。

十、报告编制

10　报告编制

10.1　格式内容

报告内容包括调查实施情况、行政区内拟新增耕地项目工程概况、所在区域概况、地块利用历史及耕地现状、历史土壤与农产品污染情况、污染源状况、布点监测方案、监测方法、质量保证与质量控制、环境质量分析、结果认定、结论与建议等内容,拟新增耕地土壤环境质量调查报告提纲见附录 A。

10.2　附件材料

相关历史监测数据、现场调查记录、拟新增耕地现场四向环境照片、点位布设图、样品采集制备过程照片、原始采样记录、现场调查记录、检测报告、质量控制报告、专家研判意见等。

【释义】

《拟新增耕地土壤环境质量调查报告》是新增耕地验收、耕地分类管理的重要证明材料。本规范明确了报告编制的格式内容和附件材料。报告内容包括调查实施情况、行政区内拟新增耕地项目工程概况、所在区域概况、地块利用历史及耕地现状、历史土壤与农产品污染情况、污染源状况、布点监测方案、监测方法、质量保证与质量控制、环境质量分析、结果认定、结论与建议等内容，调查报告提纲即标准中的附录 A，详见《拟新增耕地土壤环境质量调查报告提纲》。

附件材料包括相关历史监测数据、现场调查记录、拟新增耕地现场四向环境照片、点位布设图、样品采集制备过程照片、原始采样记录、现场调查记录、检测报告、质量控制报告、专家研判意见等。

拟新增耕地土壤环境质量调查报告提纲

A.1 项目概况

A.1.1 基本情况

包括项目名称、项目参建单位、项目面积、地块坐落、客土来源等。

A.1.2 调查依据

包括国家和地方相关法规、标准、规范等。

A.1.3 调查范围与对象

包括调查的区域范围、现场踏勘范围、访谈对象范围、监测范围等。

A.1.4 调查程序与技术路线

包括描述调查方案，包括具体程序、技术路线等。

A.2 地块概况

A.2.1 区域概况

包括自然环境、社会经济、农业生产、配套产业等。

A.2.2 地块利用历史及耕地现状

包括开垦为耕地前每个图斑的历史利用情况，地块耕地利用现状等。

A.2.3 历史土壤与农产品污染情况

通过调查分析历史土壤和农产品监测数据，根据历史污染事件，阐述拟新增耕地历史农业生产污染情况。

A.2.4 污染源状况

地块周边是否存在工矿企业、尾矿库、固废填埋、污染痕迹和填埋等情况，污染源类型等。

A.3 布点监测

A.3.1 布点监测方案

包括监测流程、布点原则、布点方法、布点数量、编码规则、监测项目、监测方法等。

A.3.2 样品采集

包括样品类型、采集方式、混样点个数、采样点位图等。

A.3.3 样品分析测试

包括制备保存、检测方法等。

A.3.4 质量保证与质量控制

包括采样制样质量控制、实验室内质量控制、误差分析等。

A.4 结果与分析

A.4.1 常规监测结果与分析

包括监测结果、评价方法、评价标准、评价结果等。

A.4.2 其他监测结果与分析

包括监测结果、评价方法、评价标准、评价结果等。

A.5 结论

汇总调查与监测数据，给出地块是否满足开垦要求。

参 考 文 献

[1] 佚名．土地污染:绕开耕地红线侵蚀粮食安全[J]. 国土资源,2012:4-13.

[2] 张亚男．农用地土壤重金属污染防治与管控研究[D]. 北京:中国地质大学(北京),2018.

[3] 龙新宪．耕地土壤重金属污染调查与修复技术[M]. 北京:化学工业出版社,2021.

[4] 宋伟,陈百明,刘琳．中国耕地土壤重金属污染概况[J]. 水土保持研究,2013,20(2):293-298.

[5] 赵玲,滕应,骆永明．中国农田土壤农药污染现状和防控对策[J]. 土壤,2017,49(3):417-427.

[6] 周江明．中国耕地重金属污染现状及其人为污染源浅析[J]. 中国土壤与肥料,2020(2):83-92.

[7] 刘秋山．耕地农药污染防治法律制度研究[D]. 重庆:西南大学,2016.

[8] 张大弟,张晓红．农药污染与防治[M]. 北京:化学工业出版社,2001.

[9] 李大勇．蔬菜种植区土壤中有机氯农药残留污染状况与防控技术研究[J]. 环境科学与管理, 2024, 49 (9):107-112.

[10] 王彦祖,李白．农药污染对我国生态环境的影响及对策分析[J]. 皮革制作与环保科技,2022,3(15):77-79.

[11] 孙晓冰．农作物病虫害防治中的农药污染问题及其治理措施探析[J]. 种子科技,2023,41(17):142-144.

[12] 陈梦舫,周源,韩璐,等．中国优控多环芳烃土壤污染特征及国内外生物可给性研究进展[J]. 土壤学报,2024,61 (4): 892-915.

[13] Liu G,Guo W,Niu J,et al. Polycyclic aromatic hydrocarbons in agricultural soils around the industrial city of Changzhi,China: characteristics,spatial distribution,hotspots,sources,and potential risks[J]. Journal of Soils and Sediments,2017,17(1):229-239.

[14] 朱岗辉,孙璐,廖晓勇,等．郴州工业场地重金属和PAHs复合污染特征及风险评价[J]. 地理研究,2012,31(5):831-839.

[15] 贾建丽,于妍,等．环境土壤学[M]. 3版．北京: 化学工业出版社,2022.

[16] 宋立杰,安淼,林永江,等．农用地污染土壤修复技术[M]. 北京: 冶金工业出版社,2018.

[17] 王孝芳,江高飞,王硕,等. 噬菌体靶向消减土壤生物污染的制约因素及提升策略[J]. 土壤学报,2023,60(5):1378-1388.

[18] 曹坳程,张大琪,方文生,等. 土传病害防治技术进展及面临的挑战[J]. 植物保护,2023,49(5):260-269.

[19] Daguerre Y, Siegel K, Edel-Hermann V, et al. Fungal proteins and genes associated with biocontrol mechanisms of soil-borne pathogens: a review[J]. Fungal Biology Reviews,2014,28(4):97-125.

[20] Haas D,Défago G. Biological control of soil-borne pathogens by fluorescent pseudomonads[J]. Nature Reviews Microbiology,2005,3(4):307-319.

[21] Genin S,Denny T P. Pathogenomics of the Ralstonia solanacearum Species Complex[J]. Annual Review of Phytopathology,2012,50:67-89.

[22] 韦中,宋宇琦,熊武,等. 土壤原生动物——研究方法及其在土传病害防控中的作用[J]. 土壤学报,2021,58(1):14-22.

[23] Bradford S A, Morales V L, Zhang W, et al. Transport and Fate of Microbial Pathogens in Agricultural Settings[J]. Critical Reviews in Environmental Science and Technology,2013,43(8):775-893.

[24] 何艳,徐建明,等. 土壤有机/生物污染与防控[M]. 北京:科学出版社,2020.

[25] Fang H,Han L,Zhang H,et al. Dissemination of antibiotic resistance genes and human pathogenic bacteria from a pig feedlot to the surrounding stream and agricultural soils[J]. Journal of Hazardous Materials,2018,357:53-62.

[26] Li H,Zheng X,Tan L,et al. The vertical migration of antibiotic-resistant genes and pathogens in soil and vegetables after the application of different fertilizers[J]. Environmental Research,2022,203.

[27] Xu Y,Li H,Tan L,et al. What role does organic fertilizer actually play in the fate of antibiotic resistome and pathogenic bacteria in planting soil? [J]. Journal of Environmental Management,2022,317:115382.

[28] 黄忠臣,王崇臣,王鹏,等. 北京地区部分公路两侧土壤中铅和镉的污染现状与评价[J]. 环境化学,2008,27(2): 267-268.

[29] 王崇臣,李曙光,黄忠臣. 公路两侧土壤中铅和镉污染以及存在形态分布的分析[J]. 环境污染与防治,2009,31(5): 80-82.

[30] 王鹏,贾学秀,涂明,等. 北京某道路外侧土壤重金属形态特征与污染评价[J]. 环境科学与技术,2012,35(6): 165-172.

[31] 贾学秀,涂明,王鹏,等. 北京部分地区降雪重金属污染现状分析[J]. 环境科学与技术,2013,36(4): 92-96.

[32] 许柏宁,王鹏,王建壹,等. 北京某环路两侧土壤重金属污染风险评价[J]. 环

境化学. 2014,33(12): 2152-2161.

[33] 张红艳,刘丰茂,黎藜,等. 北京地区农田土壤中的有机氯农药残留分布研究[C]// 北京农药学会. 农药与环境安全国际会议论文集. 中国农业大学理学院应用化学系, 2005:7.

[34] 李晓秀,陆安祥,王纪华,等. 北京地区基本农田土壤环境质量分析与评价[J]. 农业工程学报,2006, 22(2):60-63.

[35] 周洁,张敬锁,刘晓霞,等. 北京市郊农田土壤中多环芳烃污染特征及风险评价[J]. 农业资源与环境学报,2019,36(4): 534-540.

[36] Hanna N, Sun P, Sun Q, et al. Presence of antibiotic residues in various environmental compartments of Shandong province in eastern China: Its potential for resistance development and ecological and human risk [J]. Environment International, 2018, 114:131-142.

[37] Gu J Y, Chen C Y, Huang X Y, et al. Occurrence and risk assessment of tetracycline antibiotics in soils and vegetables from vegetable fields in Pearl River Delta, South China [J]. Science of the Total Environment, 2021, 776:145959.

[38] 崔政武,王洋,于锐. 黑土农田中四环素类抗生素含量特征及其风险[J]. 中国环境科学,2023,43(2):748-755.

[39] Tang X, Lou C, Wang S, et al. Effects of long-term manure applications on the occurrence of antibiotics and antibiotic resistance genes (ARGs) in paddy soils: evidence from four field experiments in south of China [J]. Soil Biology and Biochemistry, 2015, 90:179-187.

[40] 李国秀,崔利辉,刘伟,等. 杨凌区设施蔬菜基地土壤中邻苯二甲酸酯污染状况分析[J]. 湖北农业科学,2021,60(13): 119-122.

[41] 陈佳祎,李成,栾云霞,等. 北京设施蔬菜基地土壤中邻苯二甲酸酯的污染水平及污染特征研究[J]. 食品安全质量检测学报,2016,7(2): 472-477.

[42] 赵胜利,杨国义,张天彬,等. 珠三角城市群典型城市土壤邻苯二甲酸酯污染特征[J]. 生态环境学报,2009,18(1): 128-133.

[43] 周斌. 黄淮海地区农田土壤邻苯二甲酸酯污染特征与成因研究[D]. 北京: 中国农业科学院,2020.

[44] 冯艳红,张亚,郑丽萍,等. 江苏省不同地区设施菜地土壤-蔬菜中邻苯二甲酸酯分布特征[J]. 生态与农村环境学报,2017,33(4): 308-316.

[45] 吴山,李彬,梁金明,等. 汕头市蔬菜产区土壤-蔬菜中邻苯二甲酸酯(PAEs)污染分布特征研究[J]. 农业环境科学学报,2015,34(10): 1889-1896.

[46] 李玉双,陈琳,郭倩,等. 沈阳市新民设施农业土壤中邻苯二甲酸酯的污染特

征[J]. 农业环境科学学报,2017,36(6): 1118-1123.

[47] Tran B C, Teil M J, Blanchard M, et al. Fate of phthalates and BPA in agricultural and non-agricultural soils of the Paris area (France) [J]. Environmental Science and Pollution Research, 2015, 22(14): 11118-11126.

[48] Rhind S M, Kyle C E, Kerr C, et al. Concentrations and geographic distribution of selected organic pollutants in Scottish surface soils [J]. Environmental Pollution, 2013, 182: 15-27.

[49] 国家统计局农村社会经济调查司. 2023年中国农村统计年鉴[M]. 北京: 中国统计出版社,2023.

[50] 国家统计局. 2019年中国统计年鉴 [M]. 北京: 中国统计出版社,2019.

[51] 生态环境部法规与标准司.《中华人民共和国土壤污染防治法》解读与适用手册 [M]. 北京:法律出版社,2018.

[52] 周洁,刘晓霞,王鸿婷,等. 北京地区地膜使用现状调查与分析[J]. 北京农业,2015(9): 262-263.

[53] 李瑾,周涛,张扬,等. 地膜对农田土壤及玉米籽粒邻苯二甲酸酯累积状况的影响[J]. 农业环境科学学报,2020,39(8): 1767-1773.

[54] 易鸳鸯,谢芳,胡潇涵,等. 新疆五家渠地区不同覆膜年限棉田土壤中邻苯二甲酸酯残留特征[J]. 新疆农业大学学报,2020,43(3): 221-227.

[55] 程万莉,王磊,王淑英,等. 不同生物降解膜对土壤质量的影响[J]. 甘肃农业科技,2018(5): 27-31.

[56] 环境保护部,国土资源部. 全国土壤污染状况调查公报[J]. 国土资源通讯,2014,5: 10-11.

[57] 国土资源部中国地质调查局. 中国耕地地球化学调查报告(2015年)[R]. 2015,6.

[58] 刘小楠,尚鹤,姚斌. 我国污水灌溉现状及典型区域分析[J]. 中国农村水利水电,2009(6): 7-11.

[59] 辛术贞,李花粉,苏德纯. 我国污灌污水中重金属含量特征及年代变化规律[J]. 农业环境科学学报,2011,30(11): 2271-2278.

[60] 郑敏. 修复土壤提高农业生产力——访农业部全国农技推广服务中心土壤肥料技术处处长李荣[J]. 中国农资,2012(37): 5.

[61] 王文娟,杨知建,徐华勤. 我国土壤酸化研究概述[J]. 安徽农业科学,2015,43(8): 54-56.

[62] Luo L, Ma Y B, Zhang S Z, et al. An inventory of trace element inputs to agricultural soils in China [J]. Journal of Environmental Management, 2009, 90: 2524-2530.

[63] 全国土壤污染状况调查公报[EB/OL].(2014-04-17). http://www.zhb.gov.cn/gkml/hbb/qt/201404/t20140417_270670.htm

[64] 北京市第二次全国污染源普查公报[EB/OL].(2021-07-28). https://sthjj.beijing.gov.cn/bjhrb/index/xxgk69/sthjlyzwg/wrygl/11033870/index.html

[65] 王腾飞,谭长银,曹雪莹,等. 长期施肥对土壤重金属积累和有效性的影响[J]. 农业环境科学学报,2017,36(2):257-263.

[66] 王美. 长期施肥对土壤及作物产品重金属累积的影响[D]. 北京:中国农业科学院,2014.

[67] 王文兴,童莉,海热提. 土壤污染物来源及前沿问题[J]. 生态环境,2005,14(1):1-5.

[68] 俄胜哲,杨思存,崔云玲,等. 我国土壤重金属污染现状及生物修复技术研究进展[J]. 安徽农业科学,2009,37(19):9104-9106.

附　　录

本部分内容主要为与本书相关的法律法规和规范性文件的主要条款摘编。摘编文件分为法律、行政法规和规范性文件 3 类，共 17 份，具体如下：

类别	文件名称
法律	《中华人民共和国环境保护法》
	《中华人民共和国土壤污染防治法》
	《中华人民共和国农产品质量安全法》
	《耕地保护法(草案)》(征求意见稿)
	《中国人民共和国土地管理法》
行政法规	《中华人民共和国基本农田保护条例》
	《北京市基本农田保护条例》
	《北京市土壤污染防治条例》
	《农产品产地安全管理办法》
规范性文件	国务院关于印发土壤污染防治行动计划的通知(国发〔2016〕31 号)
	关于贯彻落实《土壤污染防治行动计划》的实施意见(农科教发〔2017〕3 号)
	关于印发《全国农业可持续发展规划(2015—2030 年)》的通知(农计发〔2015〕145 号)
	《污染地块土壤环境管理办法(试行)》
	《农用地土壤环境管理办法(试行)》
	关于印发《北京市"十四五"农业绿色发展规划》的通知(京政农发〔2022〕58 号)
	国务院办公厅关于印发新污染物治理行动方案的通知(国办发〔2022〕15 号)
	北京市人民政府办公厅关于印发《北京市新污染物治理行动方案》的通知(京政办发〔2023〕14 号)

一、法律

1.《中华人民共和国环境保护法》

1989年12月26日第七届全国人民代表大会常务委员会第十一次会议通过，中华人民共和国主席令第二十二号公布，历经2014年修订，共七章节七十条，本法修订版自2015年1月1日起施行。相关条款具体如下：

第一章　总则

第六条　一切单位和个人都有保护环境的义务。

地方各级人民政府应当对本行政区域的环境质量负责。

企业事业单位和其他生产经营者应当防止、减少环境污染和生态破坏，对所造成的损害依法承担责任。

第八条　各级人民政府应当加大保护和改善环境、防治污染和其他公害的财政投入，提高财政资金的使用效益。

第二章　监督管理

第十七条　国家建立、健全环境监测制度。国务院环境保护主管部门制定监测规范，会同有关部门组织监测网络，统一规划国家环境质量监测站（点）的设置，建立监测数据共享机制，加强对环境监测的管理。

有关行业、专业等各类环境质量监测站（点）的设置应当符合法律法规规定和监测规范的要求。

第三章　保护和改善环境

第三十三条　各级人民政府应当加强对农业环境的保护，促进农业环境保护新技术的使用，加强对农业污染源的监测预警，统筹有关部门采取措施，防治土壤污染和土地沙化、盐渍化、贫瘠化、石漠化、地面沉降以及防治植被破坏、水土流失、水体富营养化、水源枯竭、种源灭绝等生态失调现象，推广植物病虫害的综合防治。

第三十九条　国家建立、健全环境与健康监测、调查和风险评估制度；鼓励和组织开展环境质量对公众健康影响的研究，采取措施预防和控制与环境污染有关的疾病。

第四章　防治污染和其他公害

第四十七条　各级人民政府及其有关部门和企业事业单位，应当依照《中华人民共和国突发事件应对法》的规定，做好突发环境事件的风险控制、应急准备、应急处置和事后恢复等工作。

县级以上人民政府应当建立环境污染公共监测预警机制，组织制定预警方案；环境受到污染，可能影响公众健康和环境安全时，依法及时公布预警信息，启动应急措施。

企业事业单位应当按照国家有关规定制定突发环境事件应急预案，报环境保护主管部门和有关部门备案。在发生或者可能发生突发环境事件时，企业事业单位应当立即采取措施处理，及时通报可能受到危害的单位和居民，并向环境保护主管部门和有关部门报告。

突发环境事件应急处置工作结束后，有关人民政府应当立即组织评估事件造成的环境影响和损失，并及时将评估结果向社会公布。

第五十条　各级人民政府应当在财政预算中安排资金，支持农村饮用水水源地保护、生活污水和其他废弃物处理、畜禽养殖和屠宰污染防治、土壤污染防治和农村工矿污染治理等环境保护工作。

2.《中华人民共和国土壤污染防治法》

2018 年 8 月 31 日中华人民共和国第十三届全国人民代表大会常务委员会第五次会议通过，共七章节九十九条，本法自 2019 年 1 月 1 日起施行。相关条款具体如下：

第一章　总则

第二条　在中华人民共和国领域及管辖的其他海域从事土壤污染防治及相关活动，适用本法。

本法所称土壤污染，是指因人为因素导致某种物质进入陆地表层土壤，引起土壤化学、物理、生物等方面特性的改变，影响土壤功能和有效利用，危害公众健康或者破坏生态环境的现象。

第三条　土壤污染防治应当坚持预防为主、保护优先、分类管理、风险管控、污染担责、公众参与的原则。

第五条　地方各级人民政府应当对本行政区域土壤污染防治和安全利用负责。

国家实行土壤污染防治目标责任制和考核评价制度，将土壤污染防治目标完成情况作为考核评价地方各级人民政府及其负责人、县级以上人民政府负有土壤污染防治监督管理职责的部门及其负责人的内容。

第六条　各级人民政府应当加强对土壤污染防治工作的领导，组织、协调、督促有关部门依法履行土壤污染防治监督管理职责。

第七条　国务院生态环境主管部门对全国土壤污染防治工作实施统一监督管理；国务院农业农村、自然资源、住房城乡建设、林业草原等主管部门在各自职责范围内对土壤污染防治工作实施监督管理。

地方人民政府生态环境主管部门对本行政区域土壤污染防治工作实施统一监督管理；地方人民政府农业农村、自然资源、住房城乡建设、林业草原等主管部门在各自职责范围内对土壤污染防治工作实施监督管理。

第十条　各级人民政府及其有关部门、基层群众性自治组织和新闻媒体应当加强土壤污染防治宣传教育和科学普及，增强公众土壤污染防治意识，引导公众依法参与土壤污染防治工作。

第二章　规划、标准、普查和监测

第十一条　县级以上人民政府应当将土壤污染防治工作纳入国民经济和社会发展规划、环境保护规划。

设区的市级以上地方人民政府生态环境主管部门应当会同发展改革、农业农村、自然资源、住房城乡建设、林业草原等主管部门，根据环境保护规划要求、土地用途、土壤污染状况普查和监测结果等，编制土壤污染防治规划，报本级人民政府批准后公布实施。

第十二条　国务院生态环境主管部门根据土壤污染状况、公众健康风险、生态风险和科学技术水平，并按照土地用途，制定国家土壤污染风险管控标准，加强土壤污染防治标准体系建设。

省级人民政府对国家土壤污染风险管控标准中未作规定的项目，可以制定地方土壤污染风险管控标准；对国家土壤污染风险管控标准中已作规定的项目，可以制定严于国家土壤污染风险管控标准的地方土壤污染风险管控标准。地方土壤污染风险管控标准应当报国务院生态环境主管部门备案。

土壤污染风险管控标准是强制性标准。

国家支持对土壤环境背景值和环境基准的研究。

第十四条　国务院统一领导全国土壤污染状况普查。国务院生态环境主管部门会同国务院农业农村、自然资源、住房城乡建设、林业草原等主管部门，每十年至少组织开展一次全国土壤污染状况普查。

国务院有关部门、设区的市级以上地方人民政府可以根据本行业、本行政区域实际情况组织开展土壤污染状况详查。

第十五条　国家实行土壤环境监测制度。

国务院生态环境主管部门制定土壤环境监测规范，会同国务院农业农村、自然资源、住房城乡建设、水利、卫生健康、林业草原等主管部门组织监测网络，统一规划国家土壤环境监测站（点）的设置。

第十六条　地方人民政府农业农村、林业草原主管部门应当会同生态环境、自然资源主管部门对下列农用地地块进行重点监测：

（一）产出的农产品污染物含量超标的；

（二）作为或者曾作为污水灌溉区的；

（三）用于或者曾用于规模化养殖，固体废物堆放、填埋的；

（四）曾作为工矿用地或者发生过重大、特大污染事故的；

（五）有毒有害物质生产、贮存、利用、处置设施周边的；

（六）国务院农业农村、林业草原、生态环境、自然资源主管部门规定的其他情形。

第十七条　地方人民政府生态环境主管部门应当会同自然资源主管部门对下列建设用地地块进行重点监测：

（一）曾用于生产、使用、贮存、回收、处置有毒有害物质的；

（二）曾用于固体废物堆放、填埋的；

（三）曾发生过重大、特大污染事故的；

（四）国务院生态环境、自然资源主管部门规定的其他情形。

第三章　预防和保护

第十八条　各类涉及土地利用的规划和可能造成土壤污染的建设项目，应当依法进行环境影响评价。环境影响评价文件应当包括对土壤可能造成的不良影响及应当采取的相应预防措施等内容。

第二十条　国务院生态环境主管部门应当会同国务院卫生健康等主管部门，根据对公众健康、生态环境的危害和影响程度，对土壤中有毒有害物质进行筛查评估，公布重点控制的土壤有毒有害物质名录，并适时更新。

第二十六条　国务院农业农村、林业草原主管部门应当制定规划，完善相关标准和措施，加强农用地农药、化肥使用指导和使用总量控制，加强农用薄膜使用控制。

国务院农业农村主管部门应当加强农药、肥料登记，组织开展农药、肥料对土壤环境影响的安全性评价。

制定农药、兽药、肥料、饲料、农用薄膜等农业投入品及其包装物标准和农田灌溉用水水质标准，应当适应土壤污染防治的要求。

第二十七条　地方人民政府农业农村、林业草原主管部门应当开展农用地土壤污染防治宣传和技术培训活动，扶持农业生产专业化服务，指导农业生产者合理使用农药、兽药、肥料、饲料、农用薄膜等农业投入品，控制农药、兽药、化肥等的使用量。

地方人民政府农业农村主管部门应当鼓励农业生产者采取有利于防止土壤污染的种养结合、轮作休耕等农业耕作措施；支持采取土壤改良、土壤肥力提升等有利于土壤养护和培育的措施；支持畜禽粪便处理、利用设施的建设。

第二十八条　禁止向农用地排放重金属或者其他有毒有害物质含量超标的污水、污泥，以及可能造成土壤污染的清淤底泥、尾矿、矿渣等。

县级以上人民政府有关部门应当加强对畜禽粪便、沼渣、沼液等收集、贮存、利用、处置的监督管理，防止土壤污染。

农田灌溉用水应当符合相应的水质标准，防止土壤、地下水和农产品污染。地方人民政府生态环境主管部门应当会同农业农村、水利主管部门加强对农田灌溉用水水质的管理，对农田灌溉用水水质进行监测和监督检查。

第二十九条　国家鼓励和支持农业生产者采取下列措施：

（一）使用低毒、低残留农药以及先进喷施技术；

（二）使用符合标准的有机肥、高效肥；

（三）采用测土配方施肥技术、生物防治等病虫害绿色防控技术；

（四）使用生物可降解农用薄膜；

（五）综合利用秸秆、移出高富集污染物秸秆；

（六）按照规定对酸性土壤等进行改良。

第三十一条　国家加强对未污染土壤的保护。

地方各级人民政府应当重点保护未污染的耕地、林地、草地和饮用水水源地。

各级人民政府应当加强对国家公园等自然保护地的保护，维护其生态功能。

对未利用地应当予以保护，不得污染和破坏。

第三十三条　国家加强对土壤资源的保护和合理利用。对开发建设过程中剥离的表土，应当单独收集和存放，符合条件的应当优先用于土地复垦、土壤改良、造地和绿化等。

禁止将重金属或者其他有毒有害物质含量超标的工业固体废物、生活垃圾或者污染土壤用于土地复垦。

第四章　风险管控和修复

第一节　一般规定

第三十五条　土壤污染风险管控和修复，包括土壤污染状况调查和土壤污染风险评估、风险管控、修复、风险管控效果评估、修复效果评估、后期管理等活动。

第三十六条　实施土壤污染状况调查活动，应当编制土壤污染状况调查报告。

土壤污染状况调查报告应当主要包括地块基本信息、污染物含量是否超过土壤污染风险管控标准等内容。污染物含量超过土壤污染风险管控标准的，土壤污染状况调查报告还应当包括污染类型、污染来源以及地下水是否受到污染等内容。

第三十七条　实施土壤污染风险评估活动，应当编制土壤污染风险评估报告。

土壤污染风险评估报告应当主要包括下列内容：

（一）主要污染物状况；

（二）土壤及地下水污染范围；

（三）农产品质量安全风险、公众健康风险或者生态风险；

（四）风险管控、修复的目标和基本要求等。

第三十八条　实施风险管控、修复活动，应当因地制宜、科学合理，提高针对性和有效性。

实施风险管控、修复活动，不得对土壤和周边环境造成新的污染。

第三十九条　实施风险管控、修复活动前，地方人民政府有关部门有权根据实际情况，要求土壤污染责任人、土地使用权人采取移除污染源、防止污染扩散等措施。

第四十条　实施风险管控、修复活动中产生的废水、废气和固体废物，应当按照规定进行处理、处置，并达到相关环境保护标准。

实施风险管控、修复活动中产生的固体废物以及拆除的设施、设备或者建筑物、构筑物属于危险废物的，应当依照法律法规和相关标准的要求进行处置。

修复施工期间，应当设立公告牌，公开相关情况和环境保护措施。

第四十一条　修复施工单位转运污染土壤的，应当制定转运计划，将运输时间、方式、线路和污染土壤数量、去向、最终处置措施等，提前报所在地和接收地生态环境主管部门。

转运的污染土壤属于危险废物的，修复施工单位应当依照法律法规和相关标准的要求进行处置。

第四十二条　实施风险管控效果评估、修复效果评估活动，应当编制效果评估报告。

效果评估报告应当主要包括是否达到土壤污染风险评估报告确定的风险管控、修复目标等内容。

风险管控、修复活动完成后，需要实施后期管理的，土壤污染责任人应当按照要求实施后期管理。

第四十三条　从事土壤污染状况调查和土壤污染风险评估、风险管控、修复、风险管控效果评估、修复效果评估、后期管理等活动的单位，应当具备相应的专业能力。

受委托从事前款活动的单位对其出具的调查报告、风险评估报告、风险管控效果评估报告、修复效果评估报告的真实性、准确性、完整性负责，并按照约定对风险管控、修复、后期管理等活动结果负责。

第四十四条　发生突发事件可能造成土壤污染的，地方人民政府及其有关部门和相关企业事业单位以及其他生产经营者应当立即采取应急措施，防止土壤污染，并依照本法规定做好土壤污染状况监测、调查和土壤污染风险评估、风险管控、修复等工作。

第二节　农用地

第四十九条　国家建立农用地分类管理制度。按照土壤污染程度和相关标准，将农用地划分为优先保护类、安全利用类和严格管控类。

第五十条　县级以上地方人民政府应当依法将符合条件的优先保护类耕地划为永久基本农田，实行严格保护。

在永久基本农田集中区域，不得新建可能造成土壤污染的建设项目；已经建成的，应当限期关闭拆除。

第五十一条　未利用地、复垦土地等拟开垦为耕地的，地方人民政府农业农村主管部门应当会同生态环境、自然资源主管部门进行土壤污染状况调查，依法进行分类管理。

第五十二条　对土壤污染状况普查、详查和监测、现场检查表明有土壤污染风险的农用地地块，地方人民政府农业农村、林业草原主管部门应当会同生态环境、自然资源主管部门进行土壤污染状况调查。

对土壤污染状况调查表明污染物含量超过土壤污染风险管控标准的农用地地块，地方人民政府农业农村、林业草原主管部门应当会同生态环境、自然资源主管部门组织进行土壤污染风险评估，并按照农用地分类管理制度管理。

第五十三条　对安全利用类农用地地块，地方人民政府农业农村、林业草原主管部门，应当结合主要作物品种和种植习惯等情况，制定并实施安全利用方案。

安全利用方案应当包括下列内容：

(一)农艺调控、替代种植；

(二)定期开展土壤和农产品协同监测与评价；

(三)对农民、农民专业合作社及其他农业生产经营主体进行技术指导和培训；

(四)其他风险管控措施。

第五十四条　对严格管控类农用地地块，地方人民政府农业农村、林业草原主管部门应当采取下列风险管控措施：

(一)提出划定特定农产品禁止生产区域的建议，报本级人民政府批准后实施；

(二)按照规定开展土壤和农产品协同监测与评价；

(三)对农民、农民专业合作社及其他农业生产经营主体进行技术指导和培训；

(四)其他风险管控措施。

各级人民政府及其有关部门应当鼓励对严格管控类农用地采取调整种植结构、退耕还林还草、退耕还湿、轮作休耕、轮牧休牧等风险管控措施，并给予相应的政策支持。

第五十五条　安全利用类和严格管控类农用地地块的土壤污染影响或者可能影响地下水、饮用水水源安全的，地方人民政府生态环境主管部门应当会同农业农村、林业草原等主管部门制定防治污染的方案，并采取相应的措施。

第五十六条　对安全利用类和严格管控类农用地地块，土壤污染责任人应当按照国家有关规定以及土壤污染风险评估报告的要求，采取相应的风险管控措施，并定期向地方人民政府农业农村、林业草原主管部门报告。

第五十七条　对产出的农产品污染物含量超标，需要实施修复的农用地地块，土壤污染责任人应当编制修复方案，报地方人民政府农业农村、林业草原主管部门备案并实施。修复方案应当包括地下水污染防治的内容。

修复活动应当优先采取不影响农业生产、不降低土壤生产功能的生物修复措施，阻断或者减少污染物进入农作物食用部分，确保农产品质量安全。

风险管控、修复活动完成后，土壤污染责任人应当另行委托有关单位对风险管控效果、修复效果进行评估，并将效果评估报告报地方人民政府农业农村、林业草原主管部门备案。

农村集体经济组织及其成员、农民专业合作社及其他农业生产经营主体等负有协助实施土壤污染风险管控和修复的义务。

第五章　保障和监督

第七十条　各级人民政府应当加强对土壤污染的防治,安排必要的资金用于下列事项:

(一)土壤污染防治的科学技术研究开发、示范工程和项目;

(二)各级人民政府及其有关部门组织实施的土壤污染状况普查、监测、调查和土壤污染责任人认定、风险评估、风险管控、修复等活动;

(三)各级人民政府及其有关部门对涉及土壤污染的突发事件的应急处置;

(四)各级人民政府规定的涉及土壤污染防治的其他事项。

使用资金应当加强绩效管理和审计监督,确保资金使用效益。

第七十一条　国家加大土壤污染防治资金投入力度,建立土壤污染防治基金制度。设立中央土壤污染防治专项资金和省级土壤污染防治基金,主要用于农用地土壤污染防治和土壤污染责任人或者土地使用权人无法认定的土壤污染风险管控和修复以及政府规定的其他事项。

对本法实施之前产生的,并且土壤污染责任人无法认定的污染地块,土地使用权人实际承担土壤污染风险管控和修复的,可以申请土壤污染防治基金,集中用于土壤污染风险管控和修复。

土壤污染防治基金的具体管理办法,由国务院财政主管部门会同国务院生态环境、农业农村、自然资源、住房城乡建设、林业草原等主管部门制定。

第八十一条　生态环境主管部门和其他负有土壤污染防治监督管理职责的部门应当依法公开土壤污染状况和防治信息。

国务院生态环境主管部门负责统一发布全国土壤环境信息;省级人民政府生态环境主管部门负责统一发布本行政区域土壤环境信息。生态环境主管部门应当将涉及主要食用农产品生产区域的重大土壤环境信息,及时通报同级农业农村、卫生健康和食品安全主管部门。

公民、法人和其他组织享有依法获取土壤污染状况和防治信息、参与和监督土壤污染防治的权利。

第八十二条　土壤污染状况普查报告、监测数据、调查报告和土壤污染风险评估报告、风险管控效果评估报告、修复效果评估报告等,应当及时上传全国土壤环境信息平台。

第六章　法律责任

第八十五条　地方各级人民政府、生态环境主管部门或者其他负有土壤污染防治监督管理职责的部门未依照本法规定履行职责的,对直接负责的主管人员和其他直接责任人员依法给予处分。

依照本法规定应当作出行政处罚决定而未作出的，上级主管部门可以直接作出行政处罚决定。

3.《中华人民共和国农产品质量安全法》

2006 年 4 月 29 日第十届全国人民代表大会常务委员会第二十一次会议通过，中华人民共和国主席令(第四十九号)公布，历经 2018 年修正，2022 年修订，共八章节八十一条，本法修订版自 2023 年 1 月 1 日起施行。相关条款具体如下：

第一章　总则

第二条　本法所称农产品，是指来源于种植业、林业、畜牧业和渔业等的初级产品，即在农业活动中获得的植物、动物、微生物及其产品。

本法所称农产品质量安全，是指农产品质量达到农产品质量安全标准，符合保障人的健康、安全的要求。

第二章　农产品质量安全风险管理和标准制定

第十六条　国家建立健全农产品质量安全标准体系，确保严格实施。农产品质量安全标准是强制执行的标准，包括以下与农产品质量安全有关的要求：

(一)农业投入品质量要求、使用范围、用法、用量、安全间隔期和休药期规定；

(二)农产品产地环境、生产过程管控、储存、运输要求；

(三)农产品关键成分指标等要求；

(四)与屠宰畜禽有关的检验规程；

(五)其他与农产品质量安全有关的强制性要求。

《中华人民共和国食品安全法》对食用农产品的有关质量安全标准作出规定的，依照其规定执行。

第三章　农产品产地

第二十条　国家建立健全农产品产地监测制度。

县级以上地方人民政府农业农村主管部门应当会同同级生态环境、自然资源等部门制定农产品产地监测计划，加强农产品产地安全调查、监测和评价工作。

第二十一条　县级以上地方人民政府农业农村主管部门应当会同同级生态环境、自然资源等部门按照保障农产品质量安全的要求，根据农产品品种特性和产地安全调查、监测、评价结果，依照土壤污染防治等法律、法规的规定提出划定特定农产品禁止生产区域的建议，报本级人民政府批准后实施。

任何单位和个人不得在特定农产品禁止生产区域种植、养殖、捕捞、采集特定农产品和建立特定农产品生产基地。

特定农产品禁止生产区域划定和管理的具体办法由国务院农业农村主管部门商国务院生态环境、自然资源等部门制定。

第二十二条　任何单位和个人不得违反有关环境保护法律、法规的规定向农产品产地排放或者倾倒废水、废气、固体废物或者其他有毒有害物质。

农业生产用水和用作肥料的固体废物，应当符合法律、法规和国家有关强制性标准的要求。

第二十三条　农产品生产者应当科学合理使用农药、兽药、肥料、农用薄膜等农业投入品，防止对农产品产地造成污染。

农药、肥料、农用薄膜等农业投入品的生产者、经营者、使用者应当按照国家有关规定回收并妥善处置包装物和废弃物。

第二十四条　县级以上人民政府应当采取措施，加强农产品基地建设，推进农业标准化示范建设，改善农产品的生产条件。

第六章　监督管理

第五十二条　县级以上地方人民政府农业农村主管部门应当加强对农产品生产的监督管理，开展日常检查，重点检查农产品产地环境、农业投入品购买和使用、农产品生产记录、承诺达标合格证开具等情况。

国家鼓励和支持基层群众性自治组织建立农产品质量安全信息员工作制度，协助开展有关工作。

第五十三条　开展农产品质量安全监督检查，有权采取下列措施：

（一）进入生产经营场所进行现场检查，调查了解农产品质量安全的有关情况；

（二）查阅、复制农产品生产记录、购销台账等与农产品质量安全有关的资料；

（三）抽样检测生产经营的农产品和使用的农业投入品以及其他有关产品；

（四）查封、扣押有证据证明存在农产品质量安全隐患或者经检测不符合农产品质量安全标准的农产品；

（五）查封、扣押有证据证明可能危及农产品质量安全或者经检测不符合产品质量标准的农业投入品以及其他有毒有害物质；

（六）查封、扣押用于违法生产经营农产品的设施、设备、场所以及运输工具；

（七）收缴伪造的农产品质量标志。

农产品生产经营者应当协助、配合农产品质量安全监督检查，不得拒绝、阻挠。

第七章　法律责任

第六十二条　违反本法规定，地方各级人民政府有下列情形之一的，对直接负责的主管人员和其他直接责任人员给予警告、记过、记大过处分；造成严重后果的，给予降级或者撤职处分：

（一）未确定有关部门的农产品质量安全监督管理工作职责，未建立健全农产品质量安全工作机制，或者未落实农产品质量安全监督管理责任；

（二）未制定本行政区域的农产品质量安全突发事件应急预案，或者发生农产品质量安全事故后未按照规定启动应急预案。

第六十三条　违反本法规定，县级以上人民政府农业农村等部门有下列行为之一的，对直接负责的主管人员和其他直接责任人员给予记大过处分；情节较重的，给予降级或者撤职处分；情节严重的，给予开除处分；造成严重后果的，其主要负责人还应当引咎辞职：

（一）隐瞒、谎报、缓报农产品质量安全事故或者隐匿、伪造、毁灭有关证据；

（二）未按照规定查处农产品质量安全事故，或者接到农产品质量安全事故报告未及时处理，造成事故扩大或者蔓延；

（三）发现农产品质量安全重大风险隐患后，未及时采取相应措施，造成农产品质量安全事故或者不良社会影响；

（四）不履行农产品质量安全监督管理职责，导致发生农产品质量安全事故。

第六十六条　违反本法规定，在特定农产品禁止生产区域种植、养殖、捕捞、采集特定农产品或者建立特定农产品生产基地的，由县级以上地方人民政府农业农村主管部门责令停止违法行为，没收农产品和违法所得，并处违法所得一倍以上三倍以下罚款。

违反法律、法规规定，向农产品产地排放或者倾倒废水、废气、固体废物或者其他有毒有害物质的，依照有关环境保护法律、法规的规定处理、处罚；造成损害的，依法承担赔偿责任。

4.《耕地保护法（草案）》（征求意见稿）

由自然资源部起草的文件，于 2022 年 9 月 5 日公开征求意见。相关条款具体如下：

第四十三条【耕地污染监测与防控】　县级以上人民政府农业农村主管部门会同同级生态环境、自然资源等主管部门对本行政区域内耕地环境污染状况进行监测和评估。

地方人民政府农业农村主管部门应当指导农业生产经营者科学种植，合理施用农药、化肥、农用薄膜等农业投入品，开展废旧农用薄膜再利用，加强农药包装废弃物回收处理。向耕地提供肥料和作为肥料的城镇垃圾、城镇污水处理厂污泥等应当符合国家有关标准，耕地灌溉用水应当符合相应的水质标准，防止土壤、地下水和农产品污染。禁止将不符合农用标准和环境保护标准的固体废物、废水施入耕地。

第四十四条【耕地污染处置】　因发生事故或者其他突发性事件，造成或者可能造成耕地环境污染事故的，当事人应当立即采取措施处理，并向当地人民政府或者生态环境、农业农村、自然资源等主管部门报告。耕地污染责任人承担耕地修复的义务，责任人不明确或者有争议的，由受污染耕地所在地的农业农村主管部门会同生态环境、自然资源主管部门根据《土壤污染防治法》相关规定进行认定。

第六十九条【耕地污染的责任】　违反本法规定，造成耕地污染等行为的查处，适用《土壤污染防治法》相关规定。

第七十条【民事责任】 因污染耕地等行为造成他人财产或者人身损害的，侵权人应当承担侵权责任。侵权人违反法律规定故意污染耕地造成严重后果的，被侵权人有权请求相应的惩罚性赔偿。

耕地污染等行为引起的民事纠纷，当事人可以向县级以上地方人民政府农业农村等主管部门申请调解处理，也可以向人民法院提起诉讼。

5.《中国人民共和国土地管理法》

1986年6月25日第六届全国人民代表大会常务委员会第十六次会议通过，历经1988年、1998年(修订)、2004年、2019年三次修正，一次修订，共八章节八十六条，自1999年1月1日起施行。相关条款具体如下：

第一章 总则

第四条 国家实行土地用途管制制度。

国家编制土地利用总体规划，规定土地用途，将土地分为农用地、建设用地和未利用地。严格限制农用地转为建设用地，控制建设用地总量，对耕地实行特殊保护。

前款所称农用地是指直接用于农业生产的土地，包括耕地、林地、草地、农田水利用地、养殖水面等；建设用地是指建造建筑物、构筑物的土地，包括城乡住宅和公共设施用地、工矿用地、交通水利设施用地、旅游用地、军事设施用地等；未利用地是指农用地和建设用地以外的土地。

使用土地的单位和个人必须严格按照土地利用总体规划确定的用途使用土地。

第三章 土地利用总体规划

第二十七条 国家建立土地调查制度。

县级以上人民政府土地行政主管部门会同同级有关部门进行土地调查。土地所有者或者使用者应当配合调查，并提供有关资料。

第二十八条 县级以上人民政府土地行政主管部门会同同级有关部门根据土地调查成果、规划土地用途和国家制定的统一标准，评定土地等级。

第四章 耕地保护

第三十一条 国家保护耕地，严格控制耕地转为非耕地。

国家实行占用耕地补偿制度。非农业建设经批准占用耕地的，按照“占多少，垦多少”的原则，由占用耕地的单位负责开垦与所占用耕地的数量和质量相当的耕地；没有条件开垦或者开垦的耕地不符合要求的，应当按照省、自治区、直辖市的规定缴纳耕地开垦费，专款用于开垦新的耕地。

省、自治区、直辖市人民政府应当制定开垦耕地计划，监督占用耕地的单位按照计划开垦耕地或者按照计划组织开垦耕地，并进行验收。

二、行政法规

1.《中华人民共和国基本农田保护条例》

1998 年 12 月 24 日国务院第 12 次常务会议通过，1998 年 12 月 27 日中华人民共和国国务院令第 257 号发布，自 1999 年 1 月 1 日起施行。根据 2011 年 1 月 8 日《国务院关于废止和修改部分行政法规的决定》修订，共五章节三十六条。相关条款具体如下：

第三章　保护

第十六条　经国务院批准占用基本农田的，当地人民政府应当按照国务院的批准文件修改土地利用总体规划，并补充划入数量和质量相当的基本农田。占用单位应当按照占多少、垦多少的原则，负责开垦与所占基本农田的数量与质量相当的耕地；没有条件开垦或者开垦的耕地不符合要求的，应当按照省、自治区、直辖市的规定缴纳耕地开垦费，专款用于开垦新的耕地。

占用基本农田的单位应当按照县级以上地方人民政府的要求，将所占用基本农田耕作层的土壤用于新开垦耕地、劣质地或者其他耕地的土壤改良。

第二十二条　县级以上地方各级人民政府农业行政主管部门应当逐步建立基本农田地力与施肥效益长期定位监测网点，定期向本级人民政府提出基本农田地力变化状况报告以及相应的地力保护措施，并为农业生产者提供施肥指导服务。

第二十三条　县级以上人民政府农业行政主管部门应当会同同级环境保护行政主管部门对基本农田环境污染进行监测和评价，并定期向本级人民政府提出环境质量与发展趋势的报告。

第二十六条　因发生事故或者其他突然性事件，造成或者可能造成基本农田环境污染事故的，当事人必须立即采取措施处理，并向当地环境保护行政主管部门和农业行政主管部门报告，接受调查处理。

2.《北京市基本农田保护条例》

1994 年 5 月 21 日北京市第十届人民代表大会常务委员会第十次会议通过，根据 2016 年 11 月 25 日北京市第十四届人民代表大会常务委员会第三十一次会议通过的《关于修改部分地方性法规的决定》修正，共六章节二十九条，自公布之日起施行。相关条款具体如下：

第四章　基本农田的建设

第二十二条　市和区农业行政主管部门，应当建立基本农田肥力监测网点，定期向同级人民政府提交基本农田地力状况和地力保护措施的报告，并为基本农田经营者提供指导服务。

第二十三条　市和区农业行政主管部门，应当会同同级环境保护部门对基本农田环境质量进行监测与评价，并定期向同级人民政府提交基本农田环境质量与发展趋势的报告。

第五章　法律责任

第二十六条　土地、农业行政主管部门工作人员不认真履行职责，玩忽职守、徇私舞弊的，由所在机关或者上级机关给予行政处分；构成犯罪的，依法追究刑事责任。

第二十七条　违反本条例规定，排放污染物质，致使基本农田遭受污染并造成实际经济损失的，依照《中华人民共和国环境保护法》的规定处理。

3.《北京市土壤污染防治条例》

2022 年 9 月 23 日北京市第十五届人民代表大会常务委员会第四十三次会议通过，共六章节五十七条，自 2023 年 1 月 1 日起施行。相关条款具体如下：

第一章　总则

第二条　本条例适用于本市行政区域内的土壤污染防治及相关活动。

本条例所称土壤污染，是指因人为因素导致某种物质进入陆地表层土壤，引起土壤化学、物理、生物等方面特性的改变，影响土壤功能和有效利用，危害公众健康或者破坏生态环境的现象。

第三条　土壤污染防治应当坚持预防为主、保护优先、分类管理、风险管控、安全利用、污染担责、公众参与的原则，强化多污染物协同控制和区域协同治理。

第四条　本市各级人民政府对本行政区域土壤污染防治和安全利用负责。

市、区人民政府应当加强对土壤污染防治工作的领导，组织、协调、督促有关部门依法履行土壤污染防治监督管理职责，推进构建现代土壤污染防治治理体系。

乡镇人民政府、街道办事处应当按照职责组织实施土壤污染防治相关工作，并将土壤污染防治纳入网格化管理，加强巡查。

第五条　生态环境部门对土壤污染防治工作实施统一监督管理。

规划自然资源部门应当将土壤环境质量作为土地的重要因素纳入自然资源统筹管理，严格用地准入，科学合理规划，保障安全利用。

农业农村、园林绿化部门依据各自职责对农用地、公园与绿地的土壤污染防治实施监督管理。

住房城乡建设、水务、应急管理、经济和信息化等部门在各自职责范围内对土壤污染防治工作实施监督管理。

第二章　规划、标准、详查和监测

第十条　市人民政府对国家土壤污染风险管控标准中未作规定的项目，可以制定地方土壤污染风险管控标准；对国家土壤污染风险管控标准中已作规定的项目，可以制定严于国家土壤污染风险管控标准的地方土壤污染风险管控标准，并予以公布。

市农业农村、园林绿化部门负责制定本市农用地土壤污染状况调查、风险评估和安全利用效果评估等技术规范。市生态环境部门负责完善本市建设用地土壤污染风险管控和修复等技术规范。

第十一条　市人民政府可以根据土地用途、土壤污染状况普查和监测情况等，组织生态环境、农业农村、园林绿化、规划自然资源等部门开展全市土壤污染状况详查，掌握全市土壤环境质量状况，加强土壤污染状况详查成果应用。详查范围应当覆盖农用地、建设用地、未利用地。区人民政府可以根据实际情况，开展重点区域土壤污染状况详查。

第十二条　市生态环境部门负责建设本市土壤环境质量综合监测网络，统一发布土壤环境信息。农业农村、园林绿化部门应当利用本行业监测系统，按照土壤环境监测标准和规范开展土壤环境相关监测。

第三章　预防和保护

第十七条　禁止将污泥及相关产品、厨余垃圾用于种植食用农产品。

符合国家和本市有关规定的污泥及相关产品、厨余垃圾，鼓励用于园林绿化、荒地复垦、土壤改良等用途。

第十八条　采用温室、大棚等设施种植食用农产品面积大于五十亩的农民专业合作社、农业企业，依法对农产品质量安全状况进行检测；发现可能因土壤原因导致农产品不符合质量安全标准时，应当对土壤环境质量开展监测；发现土壤环境质量下降时，应当报告区农业农村部门，必要时采取休耕轮作等措施恢复土壤环境质量。

第十九条　本市实施农田灌溉用水达标管理，农田灌溉用水水质应当符合相关标准。

区生态环境部门应当会同区农业农村、水务部门加强对农田灌溉用水水质的管理，对农田灌溉用水水质进行监测和监督检查。

第四章　风险管控和修复

第二十九条　土壤污染风险管控和修复，包括土壤污染状况调查和土壤污染风险评估、风险管控、修复、风险管控效果评估、修复效果评估、后期管理等活动。

土壤污染责任人负有实施土壤污染风险管控和修复的义务。土壤污染责任人不明确或者存在争议的，按照国家有关规定认定。土壤污染责任人无法认定的，土地使用权人应当实施土壤污染风险管控和修复。

本市各级人民政府及其有关部门可以根据实际情况组织实施土壤污染风险管控和修复。

本市鼓励和支持有关当事人自愿实施土壤污染风险管控和修复。

第三十条　本市实施农用地分类管理。按照土壤污染程度和相关标准，将农用地划分为优先保护类、安全利用类和严格管控类。

农业农村、园林绿化部门应当会同生态环境、规划自然资源等部门，根据国家和本市有关规定，建立耕地、园地的土壤环境质量类别分类清单，并动态更新。

第三十一条　未利用地、复垦土地等拟开垦为耕地、果园和其他种植食用农产品农用地的，农业农村、园林绿化部门应当会同生态环境、规划自然资源部门开展土壤污染状况调查。调查结果不超过农用地土壤污染风险管控标准筛选值的，方可纳入开垦计划或者实施复垦。

土壤污染状况普查、详查和监测、现场检查表明有土壤污染风险的农用地地块，按照国家有关规定开展土壤污染状况调查。

第三十二条　对严格管控类农用地地块，农业农村、园林绿化部门依法提出划定特定农产品禁止生产区域的建议，报本级人民政府批准后实施，划定的区域禁止种植食用农产品。需要采取种植结构调整、退耕还林还草等风险管控措施的，本市各级人民政府及其有关部门应当给予相应的政策支持。

在安全利用类地块上种植食用农产品的，农业农村、园林绿化部门应当组织开展土壤和食用农产品协同监测，相关协同监测方案由市农业农村、园林绿化部门制定，监测方案应当包括监测标准、方法和频次。

第五章　法律责任

第四十七条　违反本条例第十七条第一款规定，将污泥及相关产品、厨余垃圾用于种植食用农产品的，由区农业农村、园林绿化部门依据职责责令改正，处一万元以上十万元以下罚款；有违法所得的，没收违法所得。

4.《农产品产地安全管理办法》

2006 年 9 月 30 日农业部第 25 次常务会议审议通过，共六章节二十七条，自 2006 年 11 月 1 日起施行。相关条款具体如下：

第二章　产地监测与评价

第四条　县级以上人民政府农业行政主管部门应当建立健全农产品产地安全监测管理制度，加强农产品产地安全调查、监测和评价工作，编制农产品产地安全状况及发展趋势年度报告，并报上级农业行政主管部门备案。

第五条　省级以上人民政府农业行政主管部门应当在下列地区分别设置国家和省级监测点，监控农产品产地安全变化动态，指导农产品产地安全管理和保护工作。

（一）工矿企业周边的农产品生产区；

（二）污水灌溉区；

（三）大中城市郊区农产品生产区；

（四）重要农产品生产区；

（五）其他需要监测的区域。

第六条　农产品产地安全调查、监测和评价应当执行国家有关标准等技术规范。

监测点的设置、变更、撤销应当通过专家论证。

第七条　县级以上人民政府农业行政主管部门应当加强农产品产地安全信息统计工作，健全农产品产地安全监测档案。

监测档案应当准确记载产地安全变化状况，并长期保存。

第三章　禁止生产区划定与调整

第八条　农产品产地有毒有害物质不符合产地安全标准，并导致农产品中有毒有害物质不符合农产品质量安全标准的，应当划定为农产品禁止生产区。

禁止生产食用农产品的区域可以生产非食用农产品。

第九条　符合本办法第八条规定情形的，由县级以上地方人民政府农业行政主管部门提出划定禁止生产区的建议，报省级农业行政主管部门。省级农业行政主管部门应当组织专家论证，并附具下列材料报本级人民政府批准后公布。

（一）产地安全监测结果和农产品检测结果；

（二）产地安全监测评价报告，包括产地污染原因分析、产地与农产品污染的相关性分析、评价方法与结论等；

（三）专家论证报告；

（四）农业生产结构调整及相关处理措施的建议。

第十二条　禁止生产区安全状况改善并符合相关标准的，县级以上地方人民政府农业行政主管部门应当及时提出调整建议。

第四章　产地保护

第十五条　县级以上地方人民政府农业行政主管部门应当制定农产品产地污染防治与保护规划，并纳入本地农业和农村经济发展规划。

第五章　监督检查

第二十三条　县级以上人民政府农业行政主管部门负责农产品产地安全的监督检查。

农业行政执法人员履行监督检查职责时，应当向被检查单位或者个人出示行政执法证件。有关单位或者个人应当如实提供有关情况和资料，不得拒绝检查或者提供虚假情况。

第二十四条　县级以上人民政府农业行政主管部门发现农产品产地受到污染威胁时，应当责令致害单位或者个人采取措施，减少或者消除污染威胁。有关单位或者个人拒不采取措施的，应当报请本级人民政府处理。

农产品产地发生污染事故时，县级以上人民政府农业行政主管部门应当依法调查处理。

发生农业环境污染突发事件时，应当依照农业环境污染突发事件应急预案的规定处理。

三、规范性文件

1. 国务院关于印发土壤污染防治行动计划的通知(国发〔2016〕31号)

国务院于2016年5月28日公开发布《土壤污染防治行动计划》。相关内容具体如下:

一、开展土壤污染调查,掌握土壤环境质量状况

(一)深入开展土壤环境质量调查。在现有相关调查基础上,以农用地和重点行业企业用地为重点,开展土壤污染状况详查,2018年底前查明农用地土壤污染的面积、分布及其对农产品质量的影响;2020年底前掌握重点行业企业用地中的污染地块分布及其环境风险情况。制定详查总体方案和技术规定,开展技术指导、监督检查和成果审核。建立土壤环境质量状况定期调查制度,每10年开展1次。(环境保护部牵头,财政部、国土资源部、农业部、国家卫生计生委等参与,地方各级人民政府负责落实。以下均需地方各级人民政府落实,不再列出)

(二)建设土壤环境质量监测网络。统一规划、整合优化土壤环境质量监测点位,2017年底前,完成土壤环境质量国控监测点位设置,建成国家土壤环境质量监测网络,充分发挥行业监测网作用,基本形成土壤环境监测能力。各省(区、市)每年至少开展1次土壤环境监测技术人员培训。各地可根据工作需要,补充设置监测点位,增加特征污染物监测项目,提高监测频次。2020年底前,实现土壤环境质量监测点位所有县(市、区)全覆盖。(环境保护部牵头,国家发展改革委、工业和信息化部、国土资源部、农业部等参与)

二、推进土壤污染防治立法,建立健全法规标准体系

(五)系统构建标准体系。健全土壤污染防治相关标准和技术规范。2017年底前,发布农用地、建设用地土壤环境质量标准;完成土壤环境监测、调查评估、风险管控、治理与修复等技术规范以及环境影响评价技术导则制修订工作;修订肥料、饲料、灌溉用水中有毒有害物质限量和农用污泥中污染物控制等标准,进一步严格污染物控制要求;修订农膜标准,提高厚度要求,研究制定可降解农膜标准;修订农药包装标准,增加防止农药包装废弃物污染土壤的要求。适时修订污染物排放标准,进一步明确污染物特别排放限值要求。完善土壤中污染物分析测试方法,研制土壤环境标准样品。各地可制定严于国家标准的地方土壤环境质量标准。(环境保护部牵头,工业和信息化部、国土资源部、住房城乡建设部、水利部、农业部、质检总局、国家林业局等参与)

三、实施农用地分类管理,保障农业生产环境安全

(七)划定农用地土壤环境质量类别。按污染程度将农用地划为三个类别,未污染和轻微污染的划为优先保护类,轻度和中度污染的划为安全利用类,重度污染的划为严格管控类,以耕地为重点,分别采取相应管理措施,保障农产品质量安全。

2017 年底前，发布农用地土壤环境质量类别划分技术指南。以土壤污染状况详查结果为依据，开展耕地土壤和农产品协同监测与评价，在试点基础上有序推进耕地土壤环境质量类别划定，逐步建立分类清单，2020 年底前完成。划定结果由各省级人民政府审定，数据上传全国土壤环境信息化管理平台。根据土地利用变更和土壤环境质量变化情况，定期对各类别耕地面积、分布等信息进行更新。有条件的地区要逐步开展林地、草地、园地等其他农用地土壤环境质量类别划定等工作。（环境保护部、农业部牵头，国土资源部、国家林业局等参与）

（九）着力推进安全利用。根据土壤污染状况和农产品超标情况，安全利用类耕地集中的县（市、区）要结合当地主要作物品种和种植习惯，制定实施受污染耕地安全利用方案，采取农艺调控、替代种植等措施，降低农产品超标风险。强化农产品质量检测。加强对农民、农民合作社的技术指导和培训。2017 年底前，出台受污染耕地安全利用技术指南。到 2020 年，轻度和中度污染耕地实现安全利用的面积达到 4 000 万亩。（农业部牵头，国土资源部等参与）

（十）全面落实严格管控。加强对严格管控类耕地的用途管理，依法划定特定农产品禁止生产区域，严禁种植食用农产品；对威胁地下水、饮用水水源安全的，有关县（市、区）要制定环境风险管控方案，并落实有关措施。研究将严格管控类耕地纳入国家新一轮退耕还林还草实施范围，制定实施重度污染耕地种植结构调整或退耕还林还草计划。继续在湖南长株潭地区开展重金属污染耕地修复及农作物种植结构调整试点。实行耕地轮作休耕制度试点。到 2020 年，重度污染耕地种植结构调整或退耕还林还草面积力争达到 2 000 万亩。（农业部牵头，国家发展改革委、财政部、国土资源部、环境保护部、水利部、国家林业局参与）

五、强化未污染土壤保护，严控新增土壤污染

（十五）加强未利用地环境管理。按照科学有序原则开发利用未利用地，防止造成土壤污染。拟开发为农用地的，有关县（市、区）人民政府要组织开展土壤环境质量状况评估；不符合相应标准的，不得种植食用农产品。各地要加强纳入耕地后备资源的未利用地保护，定期开展巡查。依法严查向沙漠、滩涂、盐碱地、沼泽地等非法排污、倾倒有毒有害物质的环境违法行为。加强对矿山、油田等矿产资源开采活动影响区域内未利用地的环境监管，发现土壤污染问题的，要及时督促有关企业采取防治措施。推动盐碱地土壤改良，自 2017 年起，在新疆生产建设兵团等地开展利用燃煤电厂脱硫石膏改良盐碱地试点。（环境保护部、国土资源部牵头，国家发展改革委、公安部、水利部、农业部、国家林业局等参与）

九、发挥政府主导作用，构建土壤环境治理体系

（三十一）开展宣传教育。制定土壤环境保护宣传教育工作方案。制作挂图、视频，出版科普读物，利用互联网、数字化放映平台等手段，结合世界地球日、世界环境日、世界土壤日、世界粮食日、全国土地日等主题宣传活动，普及土壤污染防治

相关知识，加强法律法规政策宣传解读，营造保护土壤环境的良好社会氛围，推动形成绿色发展方式和生活方式。把土壤环境保护宣传教育融入党政机关、学校、工厂、社区、农村等的环境宣传和培训工作。鼓励支持有条件的高等学校开设土壤环境专门课程。（环境保护部牵头，中央宣传部、教育部、国土资源部、住房城乡建设部、农业部、新闻出版广电总局、国家网信办、国家粮食局、中国科协等参与）

十、加强目标考核，严格责任追究

（三十三）加强部门协调联动。建立全国土壤污染防治工作协调机制，定期研究解决重大问题。各有关部门要按照职责分工，协同做好土壤污染防治工作。环境保护部要抓好统筹协调，加强督促检查，每年 2 月底前将上年度工作进展情况向国务院报告。（环境保护部牵头，国家发展改革委、科技部、工业和信息化部、财政部、国土资源部、住房城乡建设部、水利部、农业部、国家林业局等参与）

2. 关于贯彻落实《土壤污染防治行动计划》的实施意见（农科教发〔2017〕3 号）

2017 年 3 月 6 日农业部发布《土壤污染防治行动计划》的实施意见。相关内容具体如下：

一、总体要求和目标

（一）总体要求。统筹粮食安全、农产品质量安全与农产品产地环境安全，以耕地为重点，以实现农产品安全生产为核心目标，以南方酸性土水稻种植区和典型工矿企业周边农区、污水灌区、大中城市郊区、高集约化蔬菜基地、地质元素高背景区等土壤污染高风险地区为重点区域，按照“分类施策、农用优先，预防为主、治用结合”的原则，从防、控、治关键环节入手，强化监测评价，突出风险管控，实施分类管理，注重综合施策，坚持重点突破，狠抓督导考核，落实“国家统筹、省级推进、市县落实”的责任分工，逐步建立用地养地结合、产地与产品一体化保护的耕地可持续利用长效机制。

二、完善农用地土壤污染防治法规标准体系

（三）推进农用地土壤污染防治法制建设。研究修订《农产品产地安全管理办法》，增加农产品产地土壤污染防治有关内容，细化特定农产品禁止生产区管理要求。配合相关部门推动《土壤污染防治法》《农产品质量安全法》《农药管理条例》《耕地质量保护条例》《肥料管理条例》制修订工作。2017 年底前，出台废弃农膜回收利用管理办法，配合相关部门制定农药包装废弃物回收处理办法。针对耕地重金属、农膜残留等农用地土壤污染突出问题，鼓励推动地方结合实际，研究制定地方性法规。

（四）健全耕地土壤污染防治相关标准。开展耕地土壤环境监测、调查评估、等级划分、风险管控、损害鉴定、治理与修复等技术规范研究与制修订工作。会同有关部门完善农业投入品相关环境保护标准制修订工作，加快推进肥料、饲料、灌溉用水中有毒有害物质限量和农用污泥中污染物控制等标准修订，完善农产品产地环境（土壤、大气、灌溉水、秸秆还田等）和农业投入品（农药、农膜、化肥、有机肥和土壤调理剂等）重金属限量指标体系，研究制定重金属低积累作物品种筛选和审定标准。配合有关部门颁布实施农用地膜新修订国家标准，研究制定可降解农膜相关标准，推动农药包装标准修订，增加防止农药包装废弃物污染土壤的要求。鼓励地方制定适合本地农业特点和地域特征的农用地环境管理相关地方标准。到 2020 年，基本建立覆盖主要农作物农业投入、生产、产出全过程的农用地环境安全管理标准保障体系。

三、开展耕地土壤环境调查监测与类别划分

（五）开展农用地土壤污染状况详查。加快完成全国农产品产地土壤重金属污染普查，在此基础上，以耕地为重点，根据全国土壤污染状况详查总体方案，开展耕地土壤污染状况详查，实施风险区加密调查、农产品协同监测，进一步摸清我国耕地土壤污染现状，明确耕地土壤污染防治重点区域。2018 年底前，查明耕地土壤污染的面积、分布及其对农产品质量的影响，完善耕地土壤环境质量档案信息。配合环境保护部门建立耕地土壤环境质量定期调查制度，每 10 年开展 1 次。

（六）完善耕地土壤环境质量监测网络。2017 年底前，根据国家土壤环境质量监测网络的统一部署，在现有相关耕地监测网络基础上，进一步布设全国耕地土壤环境质量国控监测点，构建覆盖面广、代表性强、功能完备的耕地土壤环境质量监测网络，进一步强化农业环境监测保障能力。实施耕地土壤环境质量例行监测，重点在水稻、小麦、玉米、马铃薯、蔬菜等主产区和风险区域，制度化开展耕地土壤和农产品质量状况同步监测。鼓励各地农业部门，在大宗农产品生产基地及地方特色农作物种植区等区域，增设监测点位和特征污染物监测项目，提高监测频次，实施耕地土壤环境质量补充监测。2018 年底前，建成耕地土壤环境监测数据管理平台，与全国土壤环境信息化管理平台实现数据共享，适时对耕地环境风险变化作出预警，提出风险管控措施，并持续跟踪后续风险管控效果。

（七）开展耕地土壤环境质量类别划分。在耕地土壤污染详查和监测基础上，将耕地环境质量划分为优先保护、安全利用和严格管控三个类别，实施耕地土壤环境质量分类管理。2017 年底前，以土壤和农产品污染协同监测状况为依据，会同环保部门出台耕地土壤环境质量类别划分技术指南。2020 年底前，各地农业部门会同环保部门依据技术指南，在试点基础上有序推进耕地土壤环境质量类别划定，逐步建立分类清单和图表，开展耕地土壤环境质量类别区划。根据土壤环境质量变化进行动态调整。有条件的地区要逐步开展园地、草地等其他农用地土壤环境质量类别划定等工作。

四、优先保护未污染和轻微污染耕地

（九）切实保护耕地质量。配合环保部门加强环境督查，督导地方在优先保护类耕地集中区域严格控制新建有色金属冶炼、石油加工、化工、焦化、电镀、制革等行业企业，已建成的相关企业应当按照有关规定采取措施，防止对耕地造成污染。配合水利部门加强灌溉水水质定期监测，防止污染物随灌溉水进入耕地。督促农村土地流转受让方切实履行土壤保护的责任，避免因过度施肥、滥用农药等掠夺式生产造成土壤环境质量下降。因地制宜推行种养结合、秸秆还田、增施有机肥、少耕免耕等措施，提升耕地质量，优先发展绿色优质农产品。开展黑土地保护利用试点，扎实推进"控、增、保、养"，分类施策，精准保护黑土地。密切跟踪例行监测结果，及时排查农产品质量出现超标的优先保护类耕地，及时实施安全利用类措施。

八、推行农业清洁生产

（十九）严控农田灌溉水源污染。推动有关部门和地方加强农田灌溉水检测与净化治理，确保水源符合农田灌溉水质标准，严禁未经达标处理的工业和城市污水直接灌溉农田。对因长期使用污水灌溉导致土壤污染严重且农产品质量严重超标的，划定为特定农产品禁止生产区，开展休耕、种植结构调整、退耕还林还草等措施。

十、强化农用地污染防治责任落实

（二十八）建立责任机制。按照"国家统筹、省级推进、市县落实"原则，建立政府主导的农用地污染防治工作责任机制。农业部成立相关司局和单位参加的农用地污染防治推进工作组，制定总体意见及配套文件，强化顶层设计，做好科学谋划部署，配合环境保护部，与省级人民政府签订责任书，落实治理任务；省级农业部门安排部署本省农用地土壤污染防治工作，及时做好协调推进；县级人民政府是农用地土壤污染防治的责任主体，县级农业部门要加强与发展改革、财政、环保、国土等部门沟通协作，根据耕地土壤环境调查监测结果及时向同级人民政府提出工作建议，因地制宜制定具体落实方案，科学确定技术路径，确保农用地土壤污染防治工作及时、全面、有效落实。

（二十九）加强技术指导。农业部组建涵盖环保、土肥、种植、农产品加工、农产品质量安全等领域的技术指导委员会，负责制定技术指南、操作规程和相关技术标准，确定重点实施区域，指导相关省（区、市）编制耕地污染防治规划与实施方案，配合农用地污染防治推进工作组做好耕地污染防治工作的监督和技术服务，对耕地土壤治理修复技术和产品开展评价。加强农业资源环境体系建设，提升农业环境监测和指导服务能力。

3. 关于印发《全国农业可持续发展规划（2015—2030 年）》的通知（农计发〔2015〕145 号）

2015 年 5 月 20 日农业部、国家发展改革委、科技部、财政部、国土资源部、环境保护部、水利部、国家林业局联合颁布《全国农业可持续发展规划》。相关内容具体如下：

一、发展形势

（二）面临挑战。

在我国农业农村经济取得巨大成就的同时，农业资源过度开发、农业投入品过量使用、地下水超采以及农业内外源污染相互叠加等带来的一系列问题日益凸显，农业可持续发展面临重大挑战。

资源硬约束日益加剧，保障粮食等主要农产品供给的任务更加艰巨。人多地少水缺是我国基本国情。全国新增建设用地占用耕地年均约 480 万亩，被占用耕地的土壤耕作层资源浪费严重，占补平衡补充耕地质量不高，守住 18 亿亩耕地红线的压力越来越大。耕地质量下降，黑土层变薄、土壤酸化、耕作层变浅等问题凸显。农田灌溉水有效利用系数比发达国家平均水平低 0.2，华北地下水超采严重。我国粮食等主要农产品需求刚性增长，水土资源越绷越紧，确保国家粮食安全和主要农产品有效供给与资源约束的矛盾日益尖锐。

环境污染问题突出，确保农产品质量安全的任务更加艰巨。工业“三废”和城市生活等外源污染向农业农村扩散，镉、汞、砷等重金属不断向农产品产地环境渗透，全国土壤主要污染物点位超标率为 16.1％。农业内源性污染严重，化肥、农药利用率不足三分之一，农膜回收率不足三分之二，畜禽粪污有效处理率不到一半，秸秆焚烧现象严重。海洋富营养化问题突出，赤潮、绿潮时有发生，渔业水域生态恶化。农村垃圾、污水处理严重不足。农业农村环境污染加重的态势，直接影响了农产品质量安全。

生态系统退化明显，建设生态保育型农业的任务更加艰巨。全国水土流失面积达 295 万平方公里，年均土壤侵蚀量 45 亿 t，沙化土地 173 万平方公里，石漠化面积 12 万平方公里。高强度、粗放式生产方式导致农田生态系统结构失衡、功能退化，农林、农牧复合生态系统亟待建立。草原超载过牧问题依然突出，草原生态总体恶化局面尚未根本扭转。湖泊、湿地面积萎缩，生态服务功能弱化。生物多样性受到严重威胁，濒危物种增多。生态系统退化，生态保育型农业发展面临诸多挑战。

体制机制尚不健全，构建农业可持续发展制度体系的任务更加艰巨。水土等资源资产管理体制机制尚未建立，山水林田湖等缺乏统一保护和修复。农业资源市场化配置机制尚未建立，特别是反映水资源稀缺程度的价格机制没有形成。循环农业发展激励机制不完善，种养业发展不协调，农业废弃物资源化利用率较低。农业生态补偿机制尚不健全。农业污染责任主体不明确，监管机制缺失，污染成本过低。全面反映经济社会价值的农业资源定价机制、利益补偿机制和奖惩机制的缺失和不健全，制约了农业资源合理利用和生态环境保护。

二、总体要求

（二）基本原则。

坚持生产发展与资源环境承载力相匹配。坚守耕地红线、水资源红线和生态保护红线，优化农业生产力布局，提高规模化集约化水平，确保国家粮食安全和主要农产品有效供给。因地制宜，分区施策，妥善处理好农业生产与环境治理、生态修复的关系，适度有序开展农业资源休养生息，加快推进农业环境问题治理，不断加强农业生态保护与建设，促进资源永续利用，增强农业综合生产能力和防灾减灾能力，提升与资源承载能力和环境容量的匹配度。

坚持创新驱动与依法治理相协同。大力推进农业科技创新和体制机制创新，释放改革新红利，推进科学种养，着力增强创新驱动发展新动力，促进农业发展方式转变。强化法治观念和思维，完善农业资源环境与生态保护法律法规体系，实行最严格的制度、最严密的法治，依法促进创新、保护资源、治理环境，构建创新驱动和法治保障相得益彰的农业可持续发展支撑体系。

坚持当前治理与长期保护相统一。牢固树立保护生态环境就是保护生产力、改善生态环境就是发展生产力的理念，把生态建设与管理放在更加突出的位置，从当前突出问题入手，统筹利用国际国内两种资源，兼顾农业内源外源污染控制，加大保护治理力度，推动构建农业可持续发展长效机制，在发展中保护、在保护中发展，促进农业资源永续利用，农业环境保护水平持续提高，农业生态系统自我修复能力持续提升。

三、重点任务

（二）保护耕地资源，促进农田永续利用。

稳定耕地面积。实行最严格的耕地保护制度，稳定粮食播种面积，严控新增建设占用耕地，确保耕地保有量在 18 亿亩以上，确保基本农田不低于 15.6 亿亩。划定永久基本农田，按照保护优先的原则，将城镇周边、交通沿线、粮棉油生产基地的优质耕地优先划为永久基本农田，实行永久保护。坚持耕地占补平衡数量与质量并重，全面推进建设占用耕地耕作层土壤剥离再利用。

提升耕地质量。采取深耕深松、保护性耕作、秸秆还田、增施有机肥、种植绿肥等土壤改良方式，增加土壤有机质，提升土壤肥力。恢复和培育土壤微生物群落，构建养分健康循环通道，促进农业废弃物和环境有机物分解。加强东北黑土地保护，减缓黑土层流失。开展土地整治、中低产田改造、农田水利设施建设，加大高标准农田建设力度，到 2020 年建成集中连片、旱涝保收的 8 亿亩高标准农田。到 2020 年和 2030 年全国耕地基础地力提升 0.5 个等级和 1 个等级以上，粮食产出率稳步提高。严格控制工矿企业排放和城市垃圾、污水等农业外源性污染。防治耕地重金属污染和有机污染，建立农产品产地土壤分级管理利用制度。

（四）治理环境污染，改善农业农村环境。

防治农田污染。全面加强农业面源污染防控，科学合理使用农业投入品，提高使用效率，减少农业内源性污染。普及和深化测土配方施肥，改进施肥方式，鼓励使用有机肥、生物肥料和绿肥种植，到 2020 年全国测土配方施肥技术推广覆盖率达到 90%以上,化肥利用率提高到 40%,努力实现化肥施用量零增长。推广高效、低毒、低残留农药、生物农药和先进施药机械,推进病虫害统防统治和绿色防控,到 2020 年全国农作物病虫害统防统治覆盖率达到 40%,努力实现农药施用量零增长;京津冀、长三角、珠三角等区域提前一年完成。建设农田生态沟渠、污水净化塘等设施,净化农田排水及地表径流。综合治理地膜污染,推广加厚地膜,开展废旧地膜机械化捡拾示范推广和回收利用,加快可降解地膜研发,到 2030 年农业主产区农膜和农药包装废弃物实现基本回收利用。开展农产品产地环境监测与风险评估,实施重度污染耕地用途管制,建立健全全国农业环境监测体系。

四、区域布局

(一)优化发展区。

包括东北区、黄淮海区、长江中下游区和华南区,是我国大宗农产品主产区,农业生产条件好、潜力大,但也存在水土资源过度消耗、环境污染、农业投入品过量使用、资源循环利用程度不高等问题。要坚持生产优先、兼顾生态、种养结合,在确保粮食等主要农产品综合生产能力稳步提高的前提下,保护好农业资源和生态环境,实现生产稳定发展、资源永续利用、生态环境友好。

五、重大工程

(一)水土资源保护工程。

农业资源监测项目。充分利用现有资源,建设和完善遥感、固定观测和移动监测等一体化的农业资源监测体系,建立耕地质量和土壤墒情、重金属污染、农业面源污染、土壤环境监测网点,建立土壤样品库、信息中心和耕地质量数据平台,健全农业灌溉用水、地表水和地下水监测监管体系,建设农业资源环境大数据中心,推动农业资源数据共建共享。

六、保障措施

(一)强化法律法规。

完善相关法律法规和标准。研究制修订土壤污染防治法以及耕地质量保护、黑土地保护、农药管理、肥料管理、基本草原保护、农业环境监测、农田废旧地膜综合治理、农产品产地安全管理、农业野生植物保护等法规规章,强化法制保障。完善农业和农村节能减排法规体系,健全农业各产业节能规范、节能减排标准体系。制修订耕地质量、土壤环境质量、农用地膜、饲料添加剂重金属含量等标准,为生态环境保护与建设提供依据。

4.《污染地块土壤环境管理办法(试行)》

2016 年 12 月 27 日由环境保护部部务会议审议通过了《污染地块土壤环境管理办法(试行)》,共七章节三十三条,自 2017 年 7 月 1 日起施行。相关内容具体如下:

第一章　总则

第二条　【定义】　本办法所称疑似污染地块,是指从事过有色金属冶炼、石油加工、化工、焦化、电镀、制革等行业生产经营活动，以及从事过危险废物贮存、利用、处置活动的用地。

按照国家技术规范确认超过有关土壤环境标准的疑似污染地块，称为污染地块。

本办法所称疑似污染地块和污染地块相关活动，是指对疑似污染地块开展的土壤环境初步调查活动，以及对污染地块开展的土壤环境详细调查、风险评估、风险管控、治理与修复及其效果评估等活动。

第三章　环境调查与风险评估

第十三条　【初步调查】对列入疑似污染地块名单的地块，所在地县级环境保护主管部门应当书面通知土地使用权人。

土地使用权人应当自接到书面通知之日起 6 个月内完成土壤环境初步调查，编制调查报告，及时上传污染地块信息系统，并将调查报告主要内容通过其网站等便于公众知晓的方式向社会公开。

土壤环境初步调查应当按照国家有关环境标准和技术规范开展，调查报告应当包括地块基本信息、疑似污染地块是否为污染地块的明确结论等主要内容，并附具采样信息和检测报告。

第十六条　【详细调查】对列入污染地块名录的地块，设区的市级环境保护主管部门应当书面通知土地使用权人。

土地使用权人应当在接到书面通知后，按照国家有关环境标准和技术规范，开展土壤环境详细调查，编制调查报告，及时上传污染地块信息系统，并将调查报告主要内容通过其网站等便于公众知晓的方式向社会公开。

土壤环境详细调查报告应当包括地块基本信息，土壤污染物的分布状况及其范围，以及对土壤、地表水、地下水、空气污染的影响情况等主要内容，并附具采样信息和检测报告。

第十七条　【风险评估】土地使用权人应当按照国家有关环境标准和技术规范，在污染地块土壤环境详细调查的基础上开展风险评估，编制风险评估报告，及时上传污染地块信息系统，并将评估报告主要内容通过其网站等便于公众知晓的方式向社会公开。

风险评估报告应当包括地块基本信息、应当关注的污染物、主要暴露途径、风险水平、风险管控以及治理与修复建议等主要内容。

5.《农用地土壤环境管理办法(试行)》

2017 年 9 月 25 日环境保护部、农业部令第 46 号公布，共六章节三十条，自 2017 年 11 月 1 日起施行。相关内容具体如下：

第一章　总则

第二条　农用地土壤污染防治相关活动及其监督管理适用本办法。

前款所指的农用地土壤污染防治相关活动，是指对农用地开展的土壤污染预防、土壤污染状况调查、环境监测、环境质量类别划分、分类管理等活动。

本办法所称的农用地土壤环境质量类别划分和分类管理，主要适用于耕地。园地、草地、林地可参照本办法。

第三条　环境保护部对全国农用地土壤环境保护工作实施统一监督管理；县级以上地方环境保护主管部门对本行政区域内农用地土壤污染防治相关活动实施统一监督管理。

农业部对全国农用地土壤安全利用、严格管控、治理与修复等工作实施监督管理；县级以上地方农业主管部门负责本行政区域内农用地土壤安全利用、严格管控、治理与修复等工作的组织实施。

农用地土壤污染预防、土壤污染状况调查、环境监测、环境质量类别划分、农用地土壤优先保护、监督管理等工作，由县级以上环境保护和农业主管部门按照本办法有关规定组织实施。

第四条　环境保护部会同农业部制定农用地土壤污染状况调查、环境监测、环境质量类别划分等技术规范。

农业部会同环境保护部制定农用地土壤安全利用、严格管控、治理与修复、治理与修复效果评估等技术规范。

第二章　土壤污染预防

第十一条　县级以上地方农业主管部门应当加强农用地土壤污染防治知识宣传，提高农业生产者的农用地土壤环境保护意识，引导农业生产者合理使用肥料、农药、兽药、农用薄膜等农业投入品，根据科学的测土配方进行合理施肥，鼓励采取种养结合、轮作等良好农业生产措施。

第三章　调查与监测

第十三条　环境保护部会同农业部等部门建立农用地土壤污染状况定期调查制度，制定调查工作方案，每十年开展一次。

第十四条　环境保护部会同农业部等部门建立全国土壤环境质量监测网络，统一规划农用地土壤环境质量国控监测点位，规定监测要求，并组织实施全国农用地土壤环境监测工作。

农用地土壤环境质量国控监测点位应当重点布设在粮食生产功能区、重要农产品生产保护区、特色农产品优势区以及污染风险较大的区域等。

县级以上地方环境保护主管部门会同农业等有关部门，可以根据工作需要，布设地方农用地土壤环境质量监测点位，增加特征污染物监测项目，提高监测频次，有关监测结果应当及时上传农用地环境信息系统。

第十五条　县级以上农业主管部门应当根据不同区域的农产品质量安全情况，组织实施耕地土壤与农产品协同监测，开展风险评估，根据监测评估结果，优化调整安全利用措施，并将监测结果及时上传农用地环境信息系统。

第四章　分类管理

第十六条　省级农业主管部门会同环境保护主管部门，按照国家有关技术规范，根据土壤污染程度、农产品质量情况，组织开展耕地土壤环境质量类别划分工作，将耕地划分为优先保护类、安全利用类和严格管控类，划分结果报省级人民政府审定，并根据土地利用变更和土壤环境质量变化情况，定期对各类别农用地面积、分布等信息进行更新，数据上传至农用地环境信息系统。

第十七条　县级以上地方农业主管部门应当根据永久基本农田划定工作要求，积极配合相关部门将符合条件的优先保护类耕地划为永久基本农田，纳入粮食生产功能区和重要农产品生产保护区建设，实行严格保护，确保其面积不减少，耕地污染程度不上升。在优先保护类耕地集中的地区，优先开展高标准农田建设。

第二十条　县级以上地方农业主管部门应当根据农用地土壤安全利用相关技术规范要求，结合当地实际情况，组织制定农用地安全利用方案，报所在地人民政府批准后实施，并上传农用地环境信息系统。

农用地安全利用方案应当包括以下风险管控措施：

（一）针对主要农作物种类、品种和农作制度等具体情况，推广低积累品种替代、水肥调控、土壤调理等农艺调控措施，降低农产品有害物质超标风险；

（二）定期开展农产品质量安全监测和调查评估，实施跟踪监测，根据监测和评估结果及时优化调整农艺调控措施。

第五章　监督管理

第二十八条　突发环境事件可能造成农用地土壤污染的，县级以上地方环境保护主管部门应当及时会同农业主管部门对可能受到污染的农用地土壤进行监测，并根据监测结果及时向当地人民政府提出应急处置建议。

6. 关于印发《北京市“十四五”农业绿色发展规划》的通知（京政农发〔2022〕58 号）

2022 年 5 月 16 日北京市农业农村局、北京市发展和改革委员会、北京市科学技术委员会、中关村科技园区管理委员会、北京市规划和自然资源委员会、北京市生态环境局、北京市园林绿化局共同颁布《北京市“十四五”农业绿色发展规划》。相关内容具体如下：

第四章　加强农业资源保护利用　提升可持续发展能力

第一节　加强耕地保护与质量建设

坚持最严格的耕地保护制度。严守 150 万亩永久基本农田和 166 万亩耕地保有量底线，落实 200 万亩耕地保护空间，划定永久基本农田红线、菜田面积底线，落实“藏粮于地、藏粮于技”战略。全面实施“田长制”，实行接任、离任交清单制度，将耕地保护纳入领导干部自然资源资产离任审计范畴。采取“长牙齿”的措施，坚决遏制耕地“非农化”，对基本农田范围内非农业用地进行清理整治，全面开展闲置设施、撂荒耕地核查与利用，开展农村乱占耕地建房专项整治行动，2022 年底前基本完成存量问题整治，健全日常监管长效机制。加强和改进耕地占补平衡管理严格控制新增建设占用耕地，严格新增耕地核实认定和监管，杜绝占优补劣，对新增建设用地确需占用稳定耕地的，按数量、质量、生态“三位一体”的要求实现占补平衡，保证耕地面积不减少。以永久基本农田为重点，推进高标准农田建设和改造提升，有效提升耕地地力和质量。实施耕地保护与质量提升行动计划，推广保护性耕作，开展秸秆还田，增施有机肥，种植绿肥还田，增加土壤有机质，提升土壤肥力。建立健全耕地质量监测网络，科学布局监测站点，开展耕地质量调查评价。到 2025 年，全市耕地质量等级进一步提升。

第六章　加强农业生态保护修复　提升生态涵养功能

第一节　治理修复耕地生态

优化耕地布局。按照宜耕则耕、宜林则林的原则，成片化、规模化优化耕地、林地布局，构建大田大林、田林交融的复合生态系统，推动耕地和永久基本农田集中连片布局。推进农田生态修复。积极推进 25 万亩耕地复耕复垦工作，优先修复被林地、园地等其他功能占用的耕地、未利用地中其他草地、裸土地有复垦条件的用地，恢复生态功能。建设完善生物缓冲带、防护林网、灌溉渠系等田间基础设施，恢复田间生物群落和生态链。健全耕地轮作休耕制度，坚持轮作为主、休耕为辅，在确保国家粮食安全前提下，因地制宜开展耕地轮作和休耕。推动用地与养地相结合，集成推广绿色生产、综合治理技术模式，促进耕地休养生息和可持续发展。

巩固改善土壤环境质量。推动土壤污染防治地方立法，完善标准体系，加强土壤环境监测和数据分析应用。实施耕地土壤环境质量分类管理，建立完善优先保护类、安全利用类和严格管控类耕地管理清单。持续推进受污染耕地安全利用。到 2025 年，受污染耕地安全利用率达到 95%以上。

第四节　完善农业环境监测机制

农业生态环境是农业生产的物质基础，监测是农业生态环境保护的基础性工作。结合机构改革进一步完善全市农业生态环境监测体制机制。结合实际开展耕地土壤环境、畜禽水产养殖环境监测和农业野生动植物资源调查监测，优化监测点位布局，建立健全绿色发展全过程监测预警体系，切实提升农业生态环境监测预警能力，协同推进农业污染防治和农业绿色发展，助力乡村生态振兴。

专栏 13　耕地土壤环境监测

农产品产地土壤环境监测。根据全国农产品产地土壤重金属污染普查结果，综合考虑土壤环境状况、土壤背景和种植作物类型等情况，全市布设 610 个市控监测点，按照分步骤、分区域轮流推进的原则，每年开展三分之一点位监测。各区结合本辖区耕地土壤分类管理工作，在市控监测点的基础上，重点围绕安全利用类和严格管控类地块加密调查、布设区级监控点，开展长期定位监测；对重点区域实施耕地土壤与农产品协同跟踪监测；对设施农用地实施土壤和农产品协同监测。

耕地土壤环境质量分类管理监测。贯彻落实《土壤污染防治法》及相关文件要求，完善耕地土壤环境质量分类管理监测机制，加强受污染耕地土壤和农产品协同监测，保障分类管理各项措施取得实效。对未利用地、复垦土地等拟开垦为耕地的，各相关区有序启动土壤污染状况调查工作，新增一批，调查一批，接收一批，根据调查结果依法进行分类管理。

农田氮磷流失监测。为全面了解和掌握氮、磷主要污染物的区域分布、污染类型、流失量以及去向，全市布设 340 个典型地块开展农田面源污染现状调查，每 2 年调查一次。建立 10 个农田氮磷流失监测点，每年完成一个监测周期。各区综合考虑农田氮磷污染的发生规律和地形、气候、土壤、作物种类与布局、种植制度、耕作方式等情况，分别增设区级监测点开展监测。

农田地膜残留监测。建立健全农田地膜残留监测点，开展常态化、制度化监测评估。根据覆膜区域、覆膜作物、覆膜年限、生产环境（设施与露地）等因素合理布设地膜残留监测点，在全市范围设置 30 个以上，原则上每 0.5 万～1.0 万亩地膜覆盖面积设置 1 个监测点。结合农资供应保障情况，组织开展农膜、育苗盘、节水灌溉材料等农用塑料的销售使用、回收处置情况调查。

7. 国务院办公厅关于印发新污染物治理行动方案的通知（国办发〔2022〕15 号）

2022 年 5 月 4 日国务院办公厅公开发布《新污染物治理行动方案》。相关内容具体如下：

一、总体要求

（一）指导思想。以习近平新时代中国特色社会主义思想为指导，全面贯彻党的十九大和十九届历次全会精神，深入贯彻习近平生态文明思想，立足新发展阶段，完整、准确、全面贯彻新发展理念，构建新发展格局，推动高质量发展，以有效防范新污染物环境与健康风险为核心，以精准治污、科学治污、依法治污为工作方针，遵循全生命周期环境风险管理理念，统筹推进新污染物环境风险管理，实施调查评估、分类治理、全过程环境风险管控，加强制度和科技支撑保障，健全新污染物治理体系，促进以更高标准打好蓝天、碧水、净土保卫战，提升美丽中国、健康中国建设水平。

二、行动举措

（一）完善法规制度，建立健全新污染物治理体系。

1. 加强法律法规制度建设。研究制定有毒有害化学物质环境风险管理条例。建立健全化学物质环境信息调查、环境调查监测、环境风险评估、环境风险管控和新化学物质环境管理登记、有毒化学品进出口环境管理等制度。加强农药、兽药、药品、化妆品管理等相关制度与有毒有害化学物质环境风险管理相关制度的衔接。(生态环境部、农业农村部、市场监管总局、国家药监局等按职责分工负责)

3. 建立健全新污染物治理管理机制。建立生态环境部门牵头,发展改革、科技、工业和信息化、财政、住房城乡建设、农业农村、商务、卫生健康、海关、市场监管、药监等部门参加的新污染物治理跨部门协调机制,统筹推进新污染物治理工作。加强部门联合调查、联合执法、信息共享,加强法律、法规、制度、标准的协调衔接。按照国家统筹、省负总责、市县落实的原则,完善新污染物治理的管理机制,全面落实新污染物治理属地责任。成立新污染物治理专家委员会,强化新污染物治理技术支撑。(生态环境部牵头,国家发展改革委、科技部、工业和信息化部、财政部、住房城乡建设部、农业农村部、商务部、国家卫生健康委、海关总署、市场监管总局、国家药监局等按职责分工负责,地方各级人民政府负责落实。以下均需地方各级人民政府落实,不再列出)

(二)开展调查监测,评估新污染物环境风险状况。

7. 动态发布重点管控新污染物清单。针对列入优先控制化学品名录的化学物质以及抗生素、微塑料等其他重点新污染物,制定"一品一策"管控措施,开展管控措施的技术可行性和经济社会影响评估,识别优先控制化学品的主要环境排放源,适时制定修订相关行业排放标准,动态更新有毒有害大气污染物名录、有毒有害水污染物名录、重点控制的土壤有毒有害物质名录。动态发布重点管控新污染物清单及其禁止、限制、限排等环境风险管控措施。2022 年发布首批重点管控新污染物清单。鼓励有条件的地区在落实国家任务要求的基础上,参照国家标准和指南,先行开展化学物质环境信息调查、环境调查监测和环境风险评估,因地制宜制定本地区重点管控新污染物补充清单和管控方案,建立健全有关地方政策标准等。(生态环境部牵头,工业和信息化部、农业农村部、商务部、国家卫生健康委、海关总署、市场监管总局、国家药监局等按职责分工负责)

8. 北京市人民政府办公厅关于印发《北京市新污染物治理行动方案》的通知(京政办发〔2023〕14 号)

北京市人民政府办公厅 2023 年 5 月 13 日公开发布《北京市新污染物治理工作方案》。相关内容具体如下:

(二)开展调查监测

3. 建立新污染物环境调查监测体系。落实国家新污染物环境调查监测工作方案,研究制定本市调查监测工作方案。依托现有生态环境监测网络,聚焦重点地区、典型工业园区、重点行业开展新污染物环境调查监测试点。探索研究地表水、地下水及土壤中新污染物环境调查、监测等技术方法。推进新污染物现场采样和实验室分析等监测能力建设。2025 年底前,初步建立本市新污染物环境调查监测体系。(市生态环境局负责)

4. 探索开展化学物质环境风险筛查。以农业、畜禽养殖等行业使用的农药、抗生素等化学物质为重点，因地制宜试点开展环境风险筛查和评估。（市生态环境局、市农业农村局等部门按职责分工负责）

（五）深化末端治理

14. 开展新污染物治理试点。聚焦石化、农药、医药等行业，鼓励企业研究、开发、使用低毒低害和无毒无害原料，从源头削减或避免污染物产生。探索污水处理、再生水资源利用等领域新污染物去除治理技术研究与试点，研究对外调水过程新污染物的输入监测和防治。在密云区、延庆区试点开展农田、水体微塑料监测。（密云区政府、延庆区政府，市经济和信息化局、市生态环境局、市农业农村局、市水务局、市发展改革委等部门按职责分工负责）